W0333489

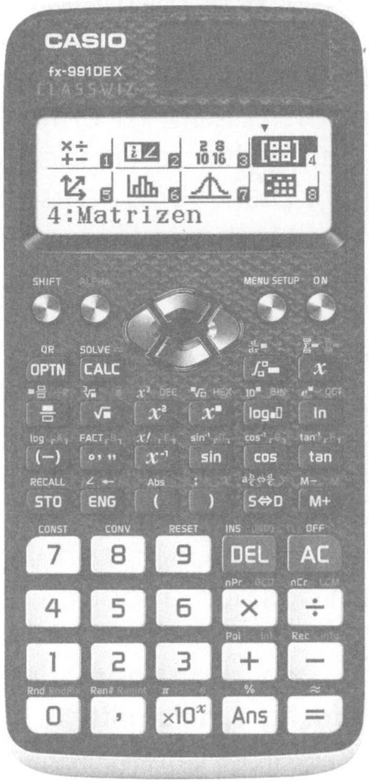

Mathematik mit dem
Casio FX-991DE Plus

Erarbeitet von
Dr. Wolfgang Ludwicki

unter Mitarbeit von
Gerhard Glas
Thomas-Wilhelm Schwarzer
Dominik Scala

Cornelsen

CASIO

Einleitung

Liebe Leserin, lieber Leser,

beim Kauf des Casio FX-991DE X Classwiz haben Sie außer dem **w**issenschaftlich-**t**echnischen **R**echner (WTR) auch eine Anleitung erhalten. Wenn Sie diese gründlich gelesen haben, dann wissen Sie schon alles, was das hochauflösende große Display anzeigen und der Rechner berechnen kann. Über den konkreten Einsatz im Unterricht werden Sie in dieser kleinen, kompakten Anleitung aber nichts gefunden haben, zu diesem Zweck wurde das vor Ihnen liegende Buch konzipiert. Und dieser Taschenrechner entspricht den heutigen Anforderungen im Mathematik- und naturwissenschaftlichen Unterricht noch besser als sein Vorgänger: Er unterstützt beim Lösen vielfältiger mathematischer Probleme und ermöglicht neue methodische Ansätze im Unterricht. Für beide Aspekte finden Sie zahlreiche Beispiele im vorliegenden Buch.

Viele der vorliegenden Aufgaben wurden aus **Alltagskontexten** heraus entwickelt. Durch den Einsatz des FX-991DE X ist es möglich, auch Alltagsbeispiele zu wählen, die bisher für den Unterricht zu kompliziert erschienen oder als „mit schulischen Mitteln unlösbar“ angesehen wurden. Mit dem Rechnereinsatz kann sich das nun ändern.

Die wichtigste Frage, die sich beim vermehrten Einsatz von Rechnern im Mathematikunterricht stellt, ist: **Was muss auch noch langfristig „hilfsmittelfrei“ gekonnt werden?** In der fachlichen Diskussion wird ein sinnstiftender Rechnereinsatz bei gleichzeitiger Betonung der „rechnerfreien Fertigkeiten“ deutlich herausgestellt. Guter Unterricht verbindet die Nutzung des Rechners mit gleichzeitiger Förderung der Basiskompetenzen durch den Einsatz sogenannter **Kopfübungen**. Gleichzeitig müssen deswegen sowohl rechnerfreie als auch rechnerspezifische Kompetenzen ausgewiesen werden.

In sehr vielen Bundesländern gibt es Mindestanforderungen und Obergrenzen der Leistungsfähigkeit für zugelassene Taschenrechner (WTR) in **schriftlichen Abiturprüfungen**. Der FX-991DE X erfüllt diese Anforderungen, er wird von vielen als Hilfsmittel in den Abiturprüfungen sehr geschätzt. Im vorliegenden Buch finden Sie viele Aufgabentypen, die immer wieder Gegenstand der schriftlichen Abiturprüfung waren.

Auch beim Entwickeln der verschiedenen **Kompetenzen** leistet der FX-991DE X gute Dienste: Beispiele für „mathematisch modellieren“, „Probleme mathematisch lösen“ oder „mathematisch argumentieren“ finden Sie im vorliegenden Buch.

Wir wünschen allen viel Freude bei der Lektüre dieses Buches und beim Einsatz der Aufgaben mit dem FX-991DE X im Mathematikunterricht.

Gerhard Glas und Dr. Wolfgang Ludwicki

Inhalt

Eine Tasse zur Hälfte füllen

Dr. Wolfgang Ludwicki, Tangermünde

Eine große Tasse hat die Form eines geraden Kreiskegelstumpfes. Der obere Innendurchmesser beträgt 91 mm, der untere 51 mm und seine Innenhöhe ist 100 mm.

Wie viel Kaffee fasst diese Tasse?
Wie hoch oder wie viel muss eingegossen werden, damit sie „zur Hälfte" gefüllt ist?

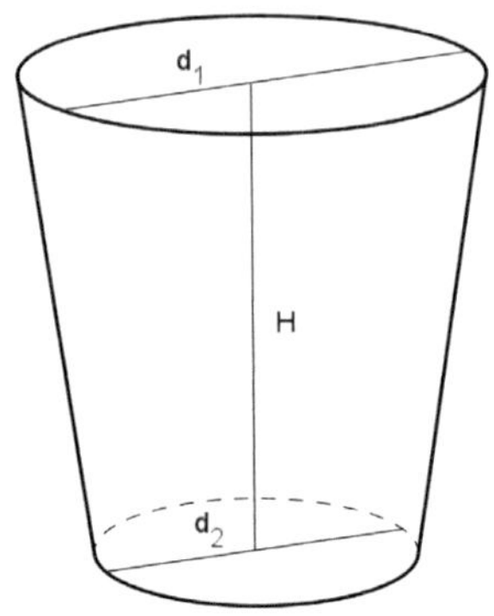

Lösung:

Volumenformel für einen geraden Kreiskegelstumpf:

$$V = \frac{\pi}{3} h\left(r_1^2 + r_1 r_2 + r_2^2\right) = \frac{\pi}{12} H\left(d_1^2 + d_1 d_2 + d_2^2\right) \qquad (1)$$

Der FX-991DE X liefert 406,4 cm³ für das Volumen der Tasse.
Es handelt sich hierbei also um eine 400-ml-Tasse.
Es ist charakteristisch für diese Tasse, dass der Innendurchmesser von unten nach oben um 40 mm zunimmt, während die Höhe um 100 mm wächst: Pro Zentimeter Höhe nimmt der Durchmesser um 4 mm zu.

Um eine Wertetabelle für den Füllgraphen zu erhalten, wird in der Formel (1) H durch x und d_1 durch $(d_2 + 0{,}4x)$ ersetzt:

$$V(x) = \frac{\pi}{12} x\left((d_2 + 0{,}4x)^2 + d_2(d_2 + 0{,}4x) + d_2^2\right) = \frac{\pi}{12} x\left((51 + 0{,}4x)^2 + 51(51 + 0{,}4x) + 51^2\right) \quad (2)$$

Nun kann im Modus Tabellen [MENU] [9] eine Wertetabelle für $V(x)$ bestimmt werden und der Füllgraph auf Millimeterpapier gezeichnet werden.

Dem Füllgraphen ist zu entnehmen:

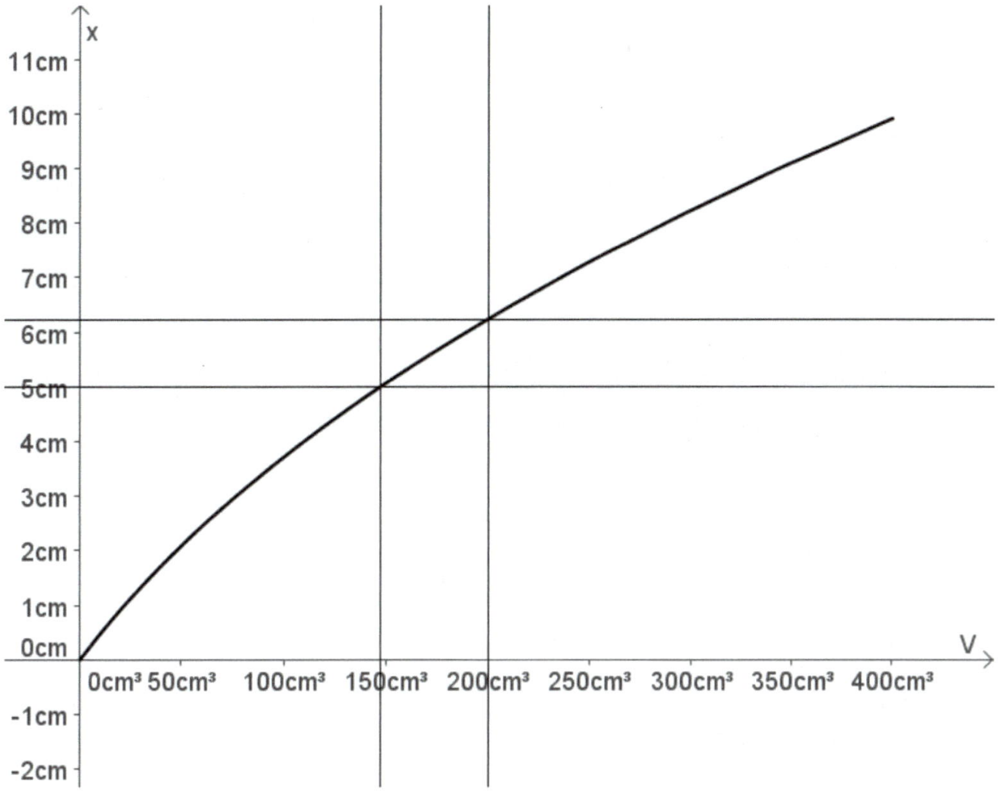

Der Kaffee steht in der Tasse 62 mm hoch, wenn sie mit 200 ml gefüllt wird.
Wenn die Tasse 50 mm hoch gefüllt ist, dann sind 147 432 mm³ ≈ 147,4 cm³ Kaffee in ihr.

Alternativ kann aber auch ein fester Volumenwert (z. B.: $V = 200\,000\,\text{mm}^3$) vorgegeben und mit SOLVE die zugehörige Höhe berechnet werden.

[2] [×10^x] [5] [ALPHA] [CALC] [▭/▭] [SHIFT] [×10^x] [▼] [1] [2]

[▶] [x] [(] [(] [5] [1] [+] [0] [,] [4] [x] [)] [x²]

[+] [5] [1] [(] [5] [1] [+] [0] [,] [4] [x] [)]

[+] [5] [1] [x²] [)] [SHIFT] [CALC] [=]

ergibt etwa 62 mm.

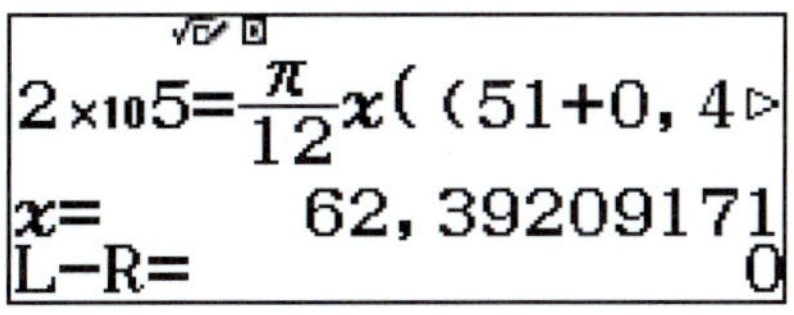

Mithilfe von CALC lässt sich unter Verwendung von (2) für jede Füllhöhe das zugehörige Volumen bequem ermitteln.

Kleine Änderung – große Wirkung

Dr. Wolfgang Ludwicki, Tangermünde

Bekannt ist die folgende Aufgabe:

Um den Äquator wird ein Seil gespannt. Dieses Seil wird um 1 m verlängert und gleichmäßig angehoben, sodass ein zum Äquator konzentrischer Kreis entsteht. Kann nun eine Katze unter dem Seil hindurchkriechen? Die Antwort lautet ja, denn der Abstand beträgt rund 16 cm.

Nun wird die Fragestellung derart abgeändert, dass das Seil nicht gleichmäßig angehoben, sondern nur an einer Stelle von der Erdoberfläche entfernt wird. Bis zu welcher Höhe h kann das Seil nun angehoben werden? Kann nun ein Mensch hindurchkriechen?

Lösung:

Die Bedeutung der Bezeichnungen wird aus dem Bild deutlich.
Die Größe des Winkels φ ist im Bogenmaß angegeben.

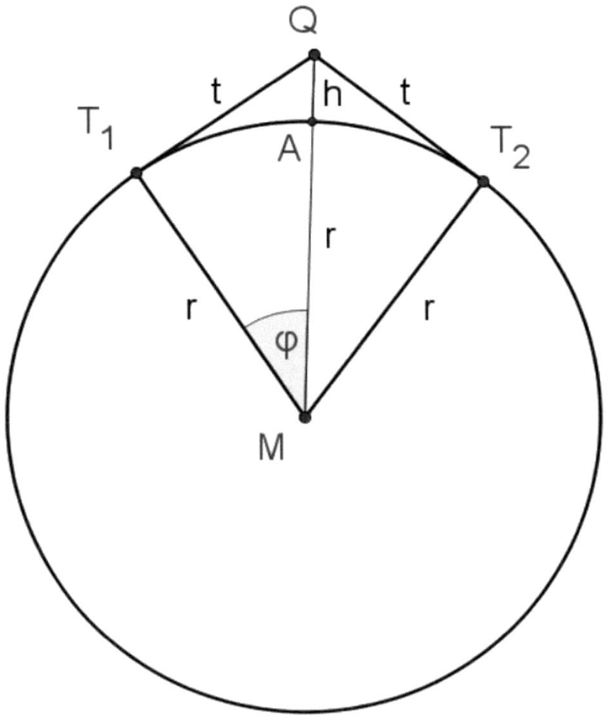

Dann ergibt sich für die Länge des Kreisbogens:
$T_1T_2 = (2\pi - 2\varphi)r$

Es gilt

$\tan(\varphi) = \frac{t}{r}$ und

$(h+r)^2 = r^2 + t^2$, also $t^2 = h(h+2r)$

und damit $t = \sqrt{h(h+2r)}$.

Weiterhin gilt:

$$\varphi = \arctan\left(\frac{\sqrt{h(h+2r)}}{r}\right)$$

Laut Aufgabenstellung sollte
$T_1T_2 + 2t = 2\pi r + 1$ gelten
(alle Längenangaben in Metern).

Durch Einsetzen ergibt sich:

$$\left(2\pi - 2\arctan\left(\frac{\sqrt{h(h+2r)}}{r}\right)\right)\cdot r + 2\cdot\sqrt{h(h+2r)} = 2\pi r + 1$$

Wird nun auf beiden Seiten $2\pi r$ subtrahiert und für den Erdradius der Näherungswert r = 6 378 000 (in Metern) eingesetzt, so entsteht die Gleichung:

$$-2\cdot 6378000\arctan\left(\frac{\sqrt{h(h+2\cdot 6378000)}}{6378000}\right)+2\cdot\sqrt{h(h+2\cdot 6378000)}=1$$

Als Winkelmaß muss Radiant eingestellt werden [SHIFT] [MENU] [2] [2].

Diese transzendente Gleichung für h kann der FX-991DE X mittels folgender Eingaben lösen:

[(−)] [2] [×] [6] [3] [7] [8] [0] [0] [0] [SHIFT] [tan]

$-2\cdot 6378000\ \arctan(\ \ldots$

[▭/▭] [√■] [x] [(] [x] [+] [2] [×] [6] [3] [7] [8] [0] [0] [0] [)] [▼]

[6] [3] [7] [8] [0] [0] [0] [▶] [)] [+] [2] [√■] [x] [(] [x]

[+] [2] [×] [6] [3] [7] [8] [0] [0] [0] [)] [▶] [ALPHA] [CALC] [1]

$\ldots = 1$

[SHIFT] [CALC] (SOLVE)

Als Näherungswert [0] eingeben.

[=] [=] liefert die Ausgabe:

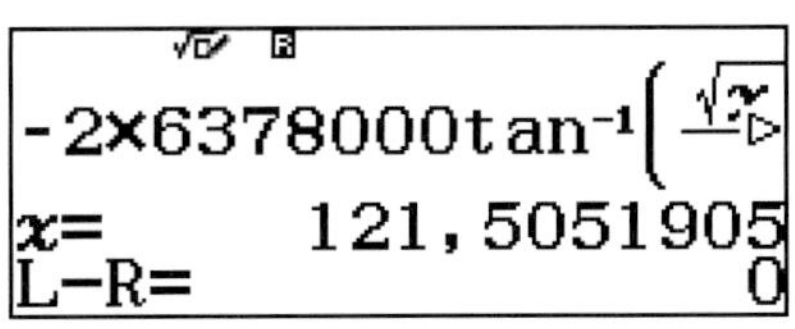

Folglich kann das Seil bis zu einer Höhe von rund 121 Metern angehoben werden. Unglaublich.

Durchbohrte Kugeln

Dr. Wolfgang Ludwicki, Tangermünde

Aus zwei Holzkugeln unterschiedlicher Größe soll jeweils ein zylindrisches Loch mit einem Kugeldurchmesser als Achse ausgebohrt werden, sodass die beiden verbleibenden Restkörper eine übereinstimmende Höhe h besitzen.

Welcher Restkörper besitzt ein größeres Holzvolumen, der aus der größeren oder der aus der kleineren Ursprungskugel?

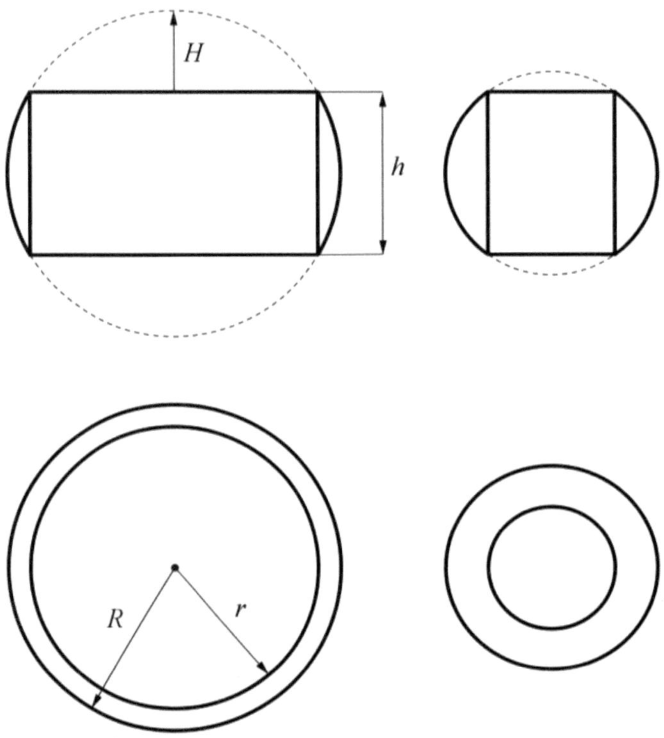

Lösung:

Das Volumen V_{Rest} des Restkörpers ergibt sich als $V_{Rest} = V_K - (V_Z + 2V_H)$, wobei V_K das Kugelvolumen, V_Z das Zylindervolumen und V_H das Volumen der wegfallenden Kugelhauben bezeichnen sollen.
Es gilt:

$$V_K = \frac{4}{3}\pi \cdot R^3,$$

$$V_Z = \pi \cdot h \cdot r^2, \text{wobei } r \text{ der Radius der zylindrischen Bohrung ist,}$$

$$V_H = \frac{1}{3}\pi \cdot H^2 \cdot (3R - H), H \text{ ist die Höhe der Kugelkappe.}$$

In unserem Falle sind $H = R - \frac{h}{2}$ und $R^2 = r^2 + \left(\frac{h}{2}\right)^2$.

Folglich ergibt sich das Holzvolumen des Restkörpers zu

$$V_{\text{Rest}} = \frac{4}{3}\pi \cdot R^3 - \left(\pi \cdot h \cdot \left(R^2 - \left(\frac{h}{2}\right)^2 \right) + 2 \cdot \frac{1}{3}\pi \left(R - \frac{h}{2} \right)^2 \cdot \left(3R - \left(R - \frac{h}{2} \right) \right) \right)$$

oder etwas vereinfacht

$$V_{\text{Rest}} = \frac{4}{3}\pi \cdot R^3 - \pi \cdot h \cdot \left(R^2 - \frac{h^2}{4} \right) - 2 \cdot \frac{1}{3}\pi \left(R - \frac{h}{2} \right)^2 \cdot \left(2R + \frac{h}{2} \right) \quad .$$

Mit dem CASIO FX-991DE X wird nun diese Formel unter Verwendung von Variablen (Speicher) und der [CALC]-Taste für verschiedene Werte von R und h ausgewertet; h muss dabei konstant bleiben. Hier wurden für R und h die Variablen A bzw. B gewählt. Für B wird immer 3 eingegeben, für A beliebige Werte größer als 3.

Stets ergibt sich als Volumen $\frac{9}{2}\pi$.

[▭/▭] [4] [▼] [3] [▶] [SHIFT] [×10^x] [ALPHA] [(−)] [SHIFT] [x²] [−] [SHIFT] [×10^x] [ALPHA] [°′″]
[(] [ALPHA] [(−)] [x²] [−] [▭/▭] [ALPHA] [°′″] [x²] [▼] [4] [▶] [)]
[−] [▭/▭] [2] [▼] [3] [▶] [SHIFT] [×10^x] [(] [ALPHA] [(−)] [−] [▭/▭] [ALPHA] [°′″] [▼] [2] [▶] [)] [x²]
[(] [2] [ALPHA] [(−)] [+] [▭/▭] [ALPHA] [°′″] [▼] [2] [▶] [)]
[CALC] [5] [=] [3] [=] [=]

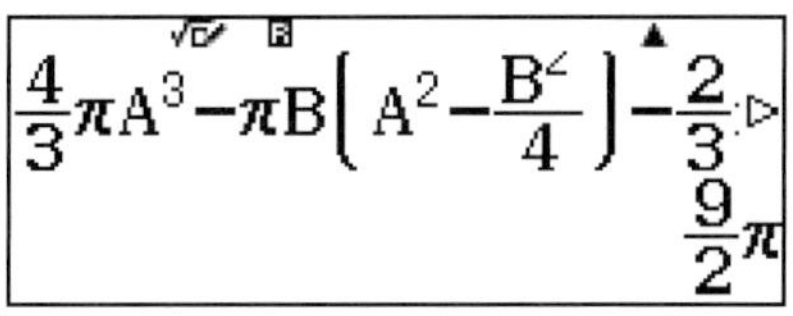

Für verschiedene Werte von R ergeben sich bei demselben h die gleichen Holzvolumina der Restkörper. Das deutet darauf hin, dass das Volumen des Restkörpers nicht vom Radius der Ausgangskugel abhängt, was zur algebraischen Auswertung der Formel

$$V_{\text{Rest}} = \frac{4}{3}\pi \cdot R^3 - \pi \cdot h \cdot \left(R^2 - \frac{h^2}{4} \right) - 2 \cdot \frac{1}{3}\pi \left(R - \frac{h}{2} \right)^2 \cdot \left(2R + \frac{h}{2} \right) \quad \text{ermutigt.}$$

Das führt schließlich zu

$$V_{Rest} = \frac{1}{6}\pi h^3.$$

Das Volumen des Restkörpers ist also nicht vom Kugelradius abhängig. Deswegen haben die beiden ringförmigen Restkörper dasselbe Volumen. Dieses entspricht dem Volumen einer Kugel mit dem Durchmesser h.

Dieses Ergebnis lässt sich auch mithilfe des Satzes von Cavalieri herleiten. Nach diesem Satz sind zwei Körper volumengleich, wenn alle ihre Querschnitte in derselben Höhe flächengleich sind. Die Querschnitte der Restkörper, die aus verschiedenen Ausgangsholzkugeln hervorgegangen sind, ergeben Kreisringe. Wenn der Querschnitt in der Höhe x erfolgt, (gemessen von der Mittelebene), so gilt für den äußeren Radius r_x des Kreisringes $r_x^2 = R^2 - x^2$.

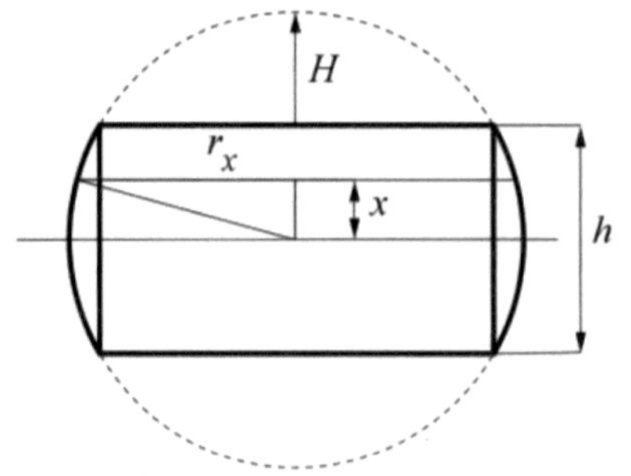

Für den Flächeninhalt F_x des Kreisringes ergibt sich

$$F_x = \pi\left(r_x^2 - r^2\right),$$
$$F_x = \pi\left(R^2 - x^2 - r^2\right),$$
$$F_x = \pi\left(\frac{h^2}{4} - x^2\right).$$

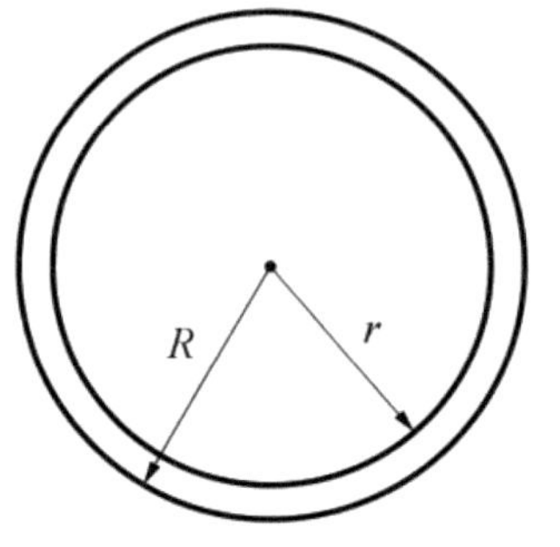

Der Flächeninhalt der Querschnittsfläche ist nur von der Schnitthöhe x und nicht vom Radius R der Ausgangskugel abhängig. Somit haben die Kreisringe in derselben Höhe den gleichen Flächeninhalt. Folglich sind die Restkörper nach dem Satz von Cavalieri volumengleich.

Die Restkörper sind auch volumengleich, wenn das Loch nicht durch einen Zylinder, sondern durch einen beliebigen Kreiskegel oder ein beliebiges Rotationsparaboloid erzeugt worden ist.
Die Nachweise stellen anspruchsvolle Übungen dar, die Restkörper können dabei als Rotationskörper angesehen werden, deren Volumina mithilfe der Integralrechnung ermittelt werden können.

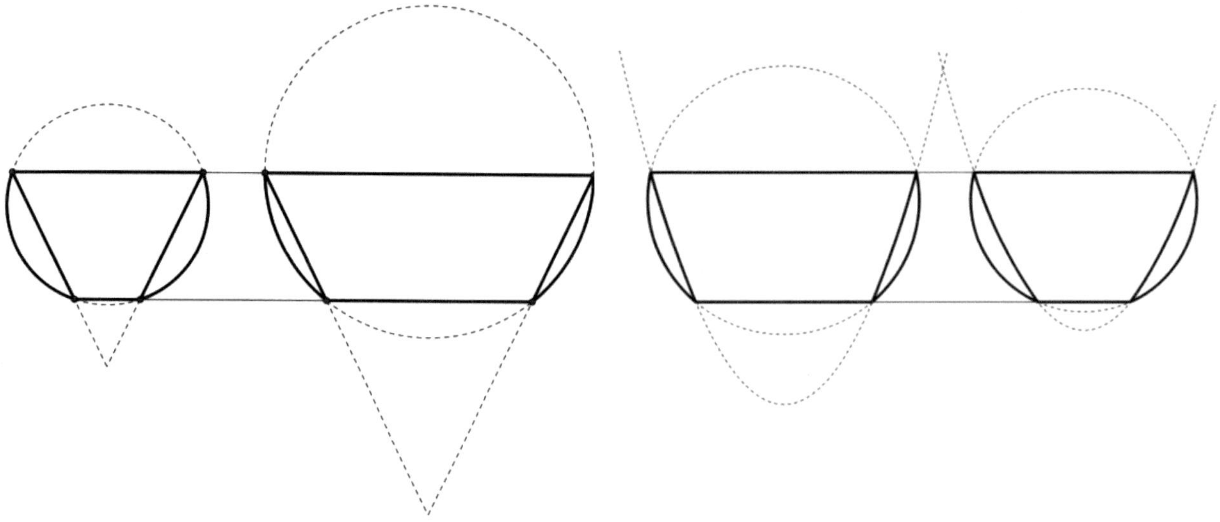

Die Teilung einer Kugel im vorgegebenen Verhältnis

Dr. Wolfgang Ludwicki, Tangermünde

Die Oma hat für beide Enkel (13 und 8 Jahre) leider nur eine Marzipankugel mitgebracht, die ist dafür mit 10 cm Durchmesser aber ansehnlich groß. Nun sollen die Eltern „gerecht" aufteilen. Der ältere Enkel meint, das müsse im Verhältnis 13:8 geschehen. Wie sollen die Eltern vorgehen?

Lösung:

Die Formel zur Berechnung des Rauminhalts eines Kugelsegments lässt sich mithilfe des Prinzips von Cavalieri herleiten:

$$V = \frac{\pi \cdot h^2}{3}(3R - h)$$

Dabei ist R der Radius der Kugel und h die Höhe des Kugelabschnitts.

Durch den Abstand $|R - h_1|$ der Schnittebene vom Kugelmittelpunkt ist ihre Lage eindeutig bestimmt. Nun soll

$$V_1 : V_2 = a : b \Leftrightarrow b \cdot V_1 = a \cdot V_2$$

gelten. Daraus folgt:

$$b \cdot \frac{\pi \cdot h_1^2}{3} \cdot (3R - h_1) = a \cdot \frac{\pi \cdot h_2^2}{3} \cdot (3R - h_2).$$

$$b \cdot h_1^2 \cdot (3R - h_1) = a \cdot h_2^2 \cdot (3R - h_2).$$

Wegen $h_1 + h_2 = 2R$ und damit $h_2 = 2R - h_1$ kann h_2 ersetzt werden:

$$b \cdot h_1^2 \cdot (3R - h_1) = a \cdot (2R - h_1)^2 \cdot (3R - (2R - h_1)),$$
$$b \cdot h_1^2 \cdot (3R - h_1) = a \cdot (2R - h_1)^2 \cdot (R + h_1).$$

Diese Gleichung stellt eine kubische Gleichung für h_1 dar. Mit dem FX-991DE X kann diese Gleichung im Modus „A: Gleichung/Funkt" oder mittels der SOLVE-Taste gelöst werden. Das Lösen im Modus „A: Gleichung/Funkt" ist aber nur möglich, wenn die Gleichung auf die Normalform $a_3x^3 + a_2x^2 + a_1x + a_0 = 0$ gebracht wird.

Hier wird die einfachere Bearbeitung mithilfe der SOLVE-Taste beschrieben. Dabei werden a, b und $R = 50(\text{mm})$ als Parameter in den Variablen A, B bzw. C gespeichert. Sie können für weitere Berechnungen bequem variiert werden.

Mit der folgenden Eingabe wird die Gleichung $Bx^2(3C - x) = A(2C - x)^2(C + x)$ eingegeben, dabei steht B für b, x für h_1 und C für R:

[ALPHA] [°'''] [x] [x^2] [(] [3] [ALPHA] [x^{-1}] [−] [x] [)] [ALPHA] [CALC]
[ALPHA] [(−)] [(] [2] [ALPHA] [x^{-1}] [−] [x] [)] [x^2]
[(] [ALPHA] [x^{-1}] [+] [x] [)] [SHIFT] [CALC]

Mit der Taste [▲] kann zwischen den Variablen navigiert werden. Zuerst wird der Variablen x der Anfangswert 50 zugeordnet, danach erhält C den Wert 50, A den Wert 13 und B den Wert 8. Am Ende wird die zu lösende Variable festgelegt. Hier soll x gelöst werden, also wird mittels [▲] die Hervorhebung auf x verschoben.

Nach Betätigen von [=] wird die Lösung angezeigt:

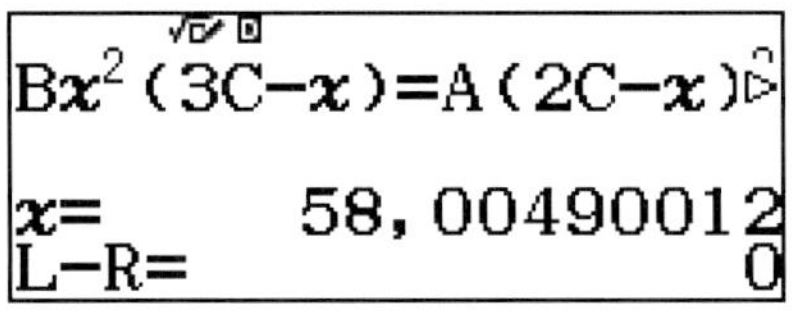

Der ältere Enkel bekommt einen um 8 mm dickeren Kugelteil. Ob das dem Jüngeren gefällt?

Mit den Iterationsstartwerten X = 0 oder X = 12 finden sich die beiden anderen reellen Lösungen der kubischen Gleichung, mit $a = 8$ und $b = 13$ die komplementäre Lösung $X = 42$ mm.

Mit der Überlegung, dass der ältere Enkel $\frac{13}{21}$ der ganzen Kugel bekommt und dem Ansatz

$$\begin{aligned} \frac{a}{a+b} \cdot V_{\text{Kugel}} &= \frac{\pi \cdot h^2}{3} \cdot (3R - h) \quad \Leftrightarrow \\ \frac{a}{a+b} \cdot \frac{4}{3} \pi \cdot R^3 &= \frac{\pi \cdot h^2}{3} \cdot (3R - h) \quad \Leftrightarrow \\ \frac{a}{a+b} \cdot 4R^3 &= h^2 \cdot (3R - h) \quad \Leftrightarrow \\ 4aR^3 &= (a+b)h^2(3R - h) \end{aligned}$$

ergibt sich etwas rascher die angegebene Lösung.

Mit dieser Formel kann auch die Frage beantwortet werden, wie hoch eine Eiskugel (Dichte: 0,9 g/cm³) aus dem Wasser (Dichte: 1 g/cm³) herausschaut (10% des Kugelvolumens befinden sich oberhalb des Wasserspiegels):

$$0{,}1 \cdot V_{\text{Kugel}} = \frac{\pi \cdot h^2}{3}(3R - h) \quad \Leftrightarrow$$

$$0{,}1 \cdot \frac{4}{3}\pi \cdot R^3 = \frac{\pi \cdot h^2}{3}(3R - h) \quad \Leftrightarrow$$

$$0{,}4R^3 = h^2(3R - h)\,.$$

Mit $R = 50\,(\text{mm})$ wird wieder eine Kugel mit $10\,\text{cm}$ Durchmesser gewählt, der Startwert für x ist auch hier 50:

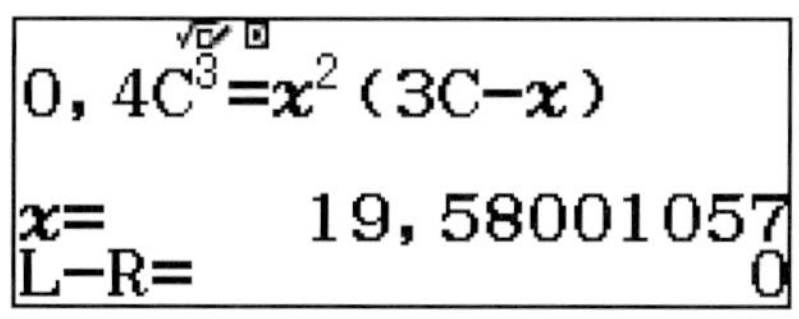

Ergebnis: Fast 20% des Kugeldurchmessers sind zu sehen.

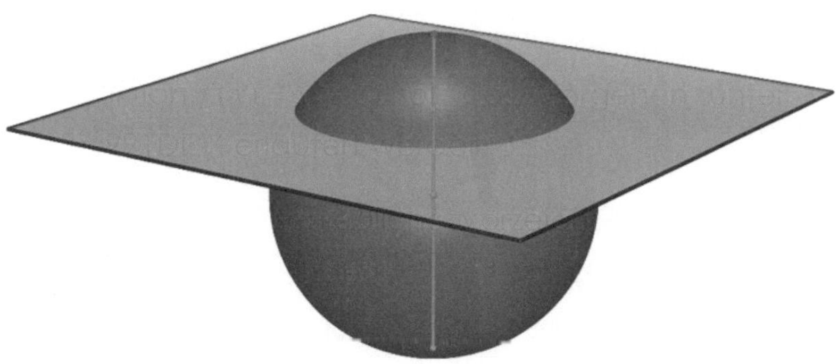

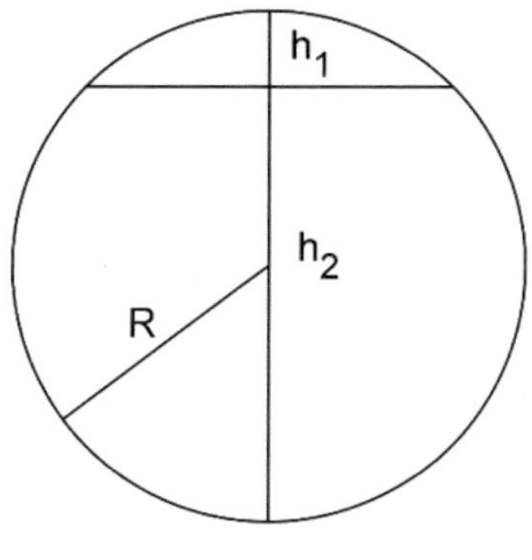

Mit Fibonacci den Kaninchen auf der Spur

Dominik Scala, Offenbach am Main

Kaninchen können sich unter Umständen sehr rasch vermehren – sofern natürlich genügend Nahrung und Lebensraum zur Verfügung stehen und keine Lebensrisiken auftreten. Der italienische Mathematiker Leonardo von Pisa (ca. 1170 – 1240), auch als Fibonacci bekannt (von Filius Bonaccii, Sohn des Bonacci), modellierte die zeitliche Entwicklung einer Kaninchenpopulation mithilfe der nach ihm benannten Fibonacci-Folge. Der Einsatz der Tabellenkalkulation des FX-991DE X kann helfen, die Ideen von Fibonacci nachzuvollziehen und selbst modellbildend tätig zu werden.

Fibonacci nahm an, dass die Entwicklung einer Kaninchenpopulation weniger von der Anzahl der Individuen abhängt, sondern allein von der Anzahl (geschlechtsreifer) Kaninchenpaare.

Darüber hinaus machte Fibonacci weitere Modellierungsannahmen:

1. Kein Kaninchen stirbt oder verlässt die Population.
2. Die Anzahl der Kaninchen ist nach oben nicht begrenzt.
3. Jedes neugeborene Paar erreicht die Geschlechtsreife nach Ablauf des ersten Lebensmonats.
4. Jedes geschlechtsreife Paar bringt nach Ablauf eines Monats genau einen männlichen und einen weiblichen Nachkommen zur Welt.

Beginnend mit einem Paar (noch nicht geschlechtsreifer) Kaninchen führen diese Modellannahmen zur Fibonacci-Folge $1; 1; 2; 3; 5; 8; 13; 21; 34; 55; 89; 144; 233; \ldots$, die die Anzahl der Kaninchenpaare in Zeitintervallen von je einem Monat beschreibt.

Die Folge kann rekursiv durch $f(n) = f(n-2) + f(n-1)$ für $n > 2$ und $f(1) = f(2) = 1$ angegeben werden. Jeden Monat kommen zur bereits bestehenden Anzahl von Kaninchenpaaren $f(n-1)$ ebenso viele neugeborene Paare hinzu, wie es geschlechtsreife Paare im Vormonat $f(n-2)$ gab.

Mit der Tabellenkalkulation lassen sich die ersten 45 Folgeglieder berechnen. Zunächst werden die ersten beiden Folgeglieder eingetragen, dann die restlichen Zeilen gefüllt. Dazu wird das Feld A3 mit dem Steuerkreuz ausgewählt und der Befehl „Formel füllen“ ([OPTN][1]) aufgerufen. Der Bezug zu den zwei jeweils vorangehenden Zeilen wird durch die relativen Bezüge A1 + A2 hergestellt.

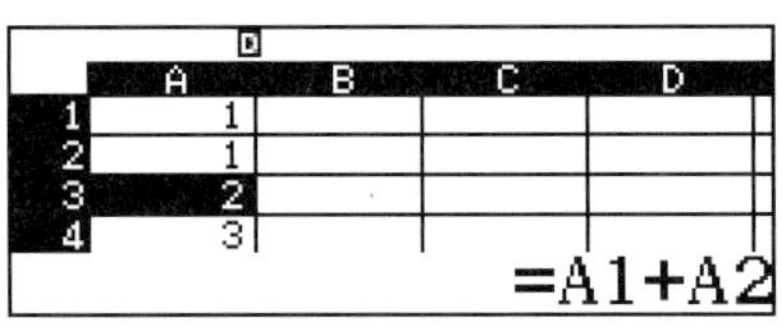

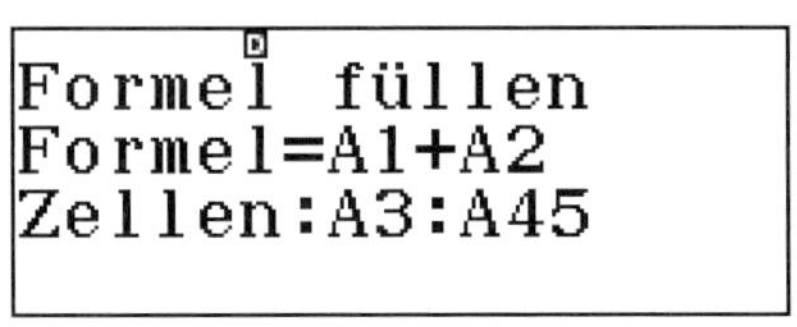

Fibonacci wollte durch die Modellierung dieses Problems vor allem die bekannte Folge illustrieren, die Modellierung tatsächlicher Verhältnisse stand nicht im Vordergrund. Eine gute Gelegenheit für Interessierte, hier nachzubessern!

Es werden nun einige Ideen vorgestellt, wie das Modell variiert werden kann. Um vergleichen zu können, werden die Modellvarianten in den Spalten B, C und D implementiert.

1. Sterblichkeit der Kaninchen

Das Modell Fibonaccis geht von unsterblichen Kaninchen aus. Soll stattdessen die monatliche Sterberate 25% betragen, genügt es, die Summe in der Rekursionsformel mit dem Faktor 0,75 zu multiplizieren:
$f(n) = 0{,}75 * [f(n-2) + f(n-1)]$
Eine mögliche Fragestellung: „Bei welcher Sterberate wird das Wachstum der Population zum Stillstand gebracht?"
Alternativ kann eine feste Lebensdauer angenommen werden. Beispielsweise 4 Monate: $f(n) = f(n-2) + f(n-1) - f(n-4)$. Jetzt sterben alle Kaninchen nach ihrem vierten Lebensmonat. Die ersten 4 Folgeglieder müssen dafür absolut gesetzt werden.

2. Verringerter Fortpflanzungstrieb

Soll der Fortpflanzungstrieb so herabgesetzt werden, dass nur noch alle zwei Monate Nachkommen gezeugt werden, lässt sich dies über die Rekursionsformel $f(n) = f(n-3) + f(n-1)$ realiseren.

3. Kürzere Reifephase

Mit der Rekursionsformel $f(n) = f(n-1) + f(n-1) = 2 * f(n-1)$ wird die Zeitspanne bis zur Geschlechtsreife ignoriert. Das Wachstum ist dann exponentiell.

4. Mehrfachgeburten

Weibliche Kaninchen werfen normalerweise mindestens vier Junge. Dies kann durch einen entsprechenden Vorfaktor in der Rekursionsformel berücksichtigt werden:
$f(n) = f(n-1) + 2 * f(n-2)$

Mit der Tabellenkalkulation können auch innermathematische Fragestellungen zur Fibonacci-Folge bearbeitet werden. So kann beispielsweise die Teilbarkeitsregel „Jede vierte Fibonacci-Zahl ist durch drei teilbar" entdeckt werden.

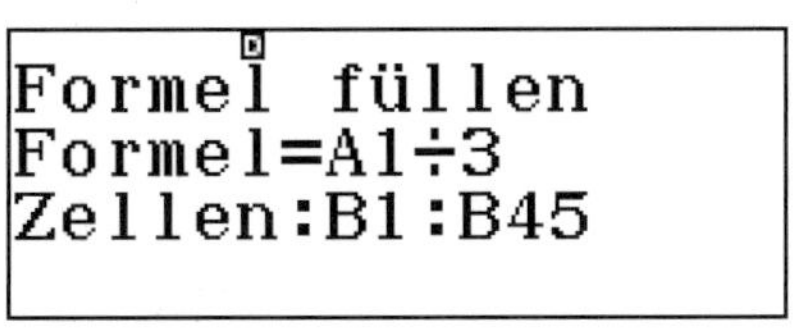

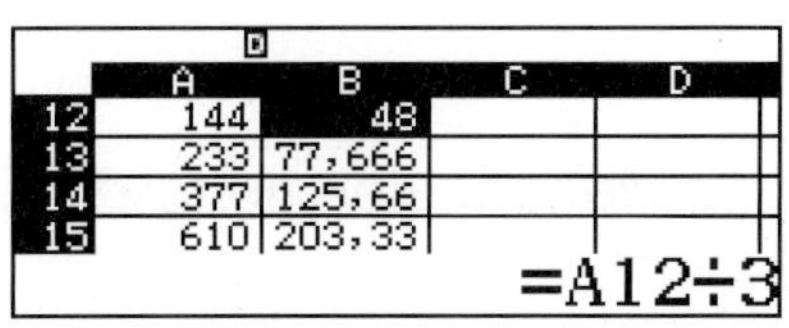

In Spalte A sind die Folgeglieder $f(n)$ aufgelistet und in Spalte B die Brüche $\frac{f(n)}{3}$.

Das Lösen von linearen Gleichungssystemen mithilfe der Stufenform RREF

Dr. Wolfgang Ludwicki, Tangermünde

Mit dem CASIO FX-991DE X lassen sich im Modus „A:Gleichung/Funkt" lineare Gleichungssysteme mit bis zu 4 Unbekannten lösen. Hat solch ein Gleichungssystem genau eine Lösung, so wird diese Lösung angezeigt, ansonsten erscheint in der Anzeige „Unendl. viele Lsg" oder „Keine Lösung".

Im Falle von unendlich vielen Lösungen können die Lösungen mithilfe von Parametern angegeben werden. Die Ermittlung dieser Lösungsdarstellung kann der CASIO FX-991DE X unterstützen, wenn es sich um lineare Gleichungssysteme mit 2 oder 3 Unbekannten handelt.

Das Gleichungssystem

$$\begin{aligned} 2x+3y-z&=5 \\ x-y+3z&=2 \\ 4x+11y-9z&=11 \end{aligned}$$

hat unendlich viele Lösungen.

Zunächst wird die erweiterte Koeffizientenmatrix als Matrix *A* eingegeben:

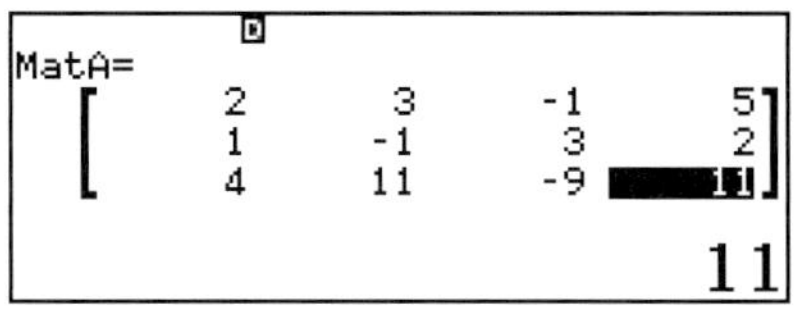

[MENU] [4] [1] [3] [4]

Anschließend wird die reduzierte Stufenform ermittelt:

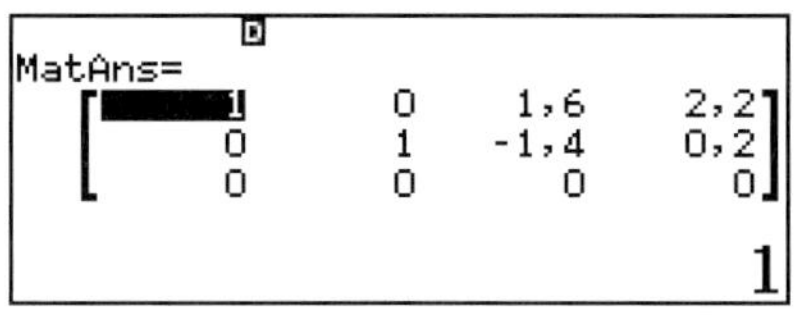

[OPTN] [3] [OPTN] [▼] [▼] [2] [OPTN] [3] [)] [=]

Diese Matrix entspricht dem Gleichungssystem

$$\begin{aligned} x \quad\quad +1{,}6z&=2{,}2 \\ y-1{,}4z&=0{,}2 \\ 0&=0, \end{aligned}$$

das zum ursprünglichen Gleichungssystem äquivalent ist. Die Nullzeile zeigt an, dass es unendlich viele Lösungen gibt.

Wird die Unbekannte z gleich einem Parameter *t* gesetzt, so ergeben sich die Lösungen

$$x = 2{,}2 - 1{,}6t$$
$$y = 0{,}2 + 1{,}4t$$
$$z = t, \quad t \in \mathrm{R}.$$

Wird mit dieser Methode das Gleichungssystem

$$3x + 3y - z = 5$$
$$x - y + 3z = 2$$
$$4x + 11y - 9z = 11$$

gelöst, so ergibt sich:

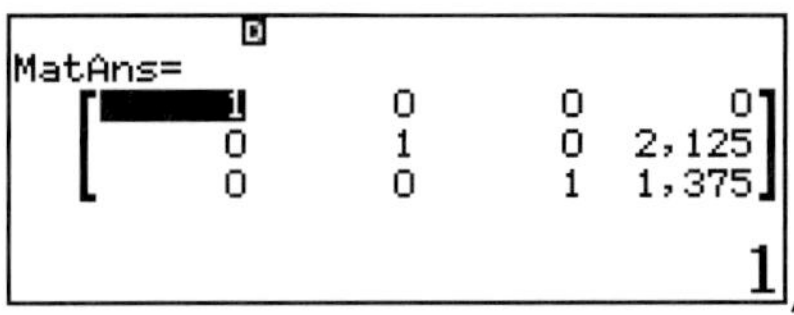

,

Damit sind die Lösungen $x = 0$, $y = 2{,}125$ und $z = 1{,}375$ ermittelt.

Bei dem Gleichungssystem

$$2x + 3y - z = 5$$
$$x - y + 3z = 2$$
$$4x + 11y - 9z = 10$$

wird

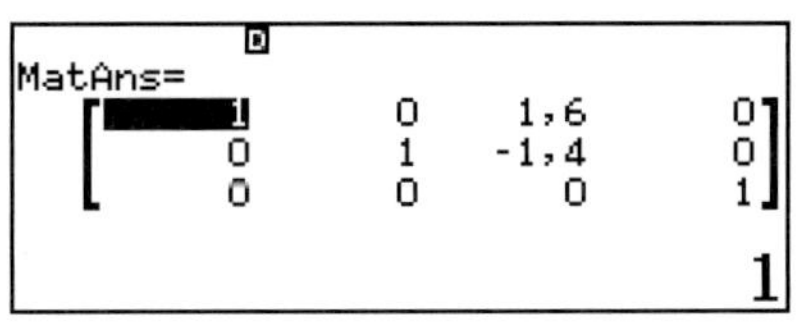

als reduzierte Stufenform angezeigt.

Die letzte Zeile entspricht der Gleichung $0 = 1$. Dieser Widerspruch zeigt an, dass das Gleichungssystem keine Lösung hat.

Da der CASIO FX-991DE X nur Matrizen mit maximal 4 Spalten und 4 Zeilen verarbeiten kann, lassen sich mit dem hier beschriebenen Verfahren nur Gleichungssysteme mit maximal 3 Unbekannten lösen.

Anzahlbestimmung mithilfe der Tabellenkalkulation

Dr. Wolfgang Ludwicki, Tangermünde

In einem Stadtteil gibt es w Straßen in West-Ost-Richtung, die zueinander parallel sind, und s Straßen in Nord-Süd-Richtung, die zu den Straßen in West-Ost-Richtung senkrecht verlaufen.

Bestimme die Anzahl der verschiedenen Wege, die ohne Umwege von einer der vier äußeren Ecken des Stadtteils zu der diagonal gegenüberliegenden Ecke führen.

Lösung:

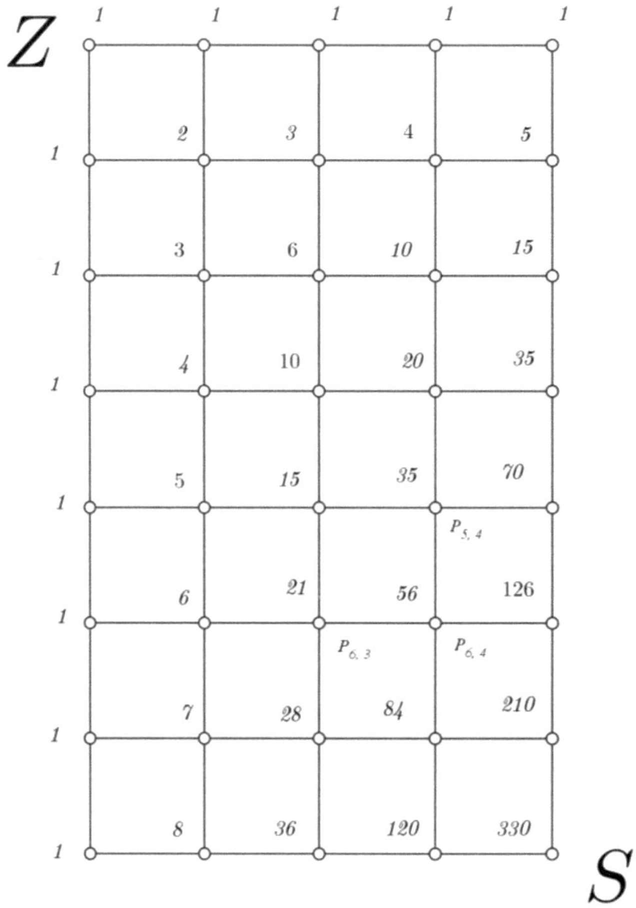

Die Abbildung zeigt einen Stadtteil mit 5 Straßen in Nord-Süd-Richtung und 8 Straßen in West-Ost-Richtung. Gesucht ist hier die Anzahl der kürzesten Wege von S nach Z.

Bei Z beginnend werden die Straßen in Nord-Süd-Richtung mit $s_1, s_2, s_3, \cdots, s_s$ und die Straßen in West-Ost-Richtung mit $w_1, w_2, w_3, \cdots, w_w$ bezeichnet. Mit $P_{i,j}$ wird die Kreuzung bezeichnet, die von den Straßen w_i und s_j gebildet wird. Der Startpunkt S entspricht demnach der Kreuzung $P_{w,s}$.

Mit $wege(m,n)$ wird die Anzahl der verschiedenen Wege bezeichnet, die ohne Umwege von der Kreuzung $P_{m,n}$ zur Ecke Z führen.

Die Lösung der Aufgabe liefert schließlich die Funktion $wege(w,s)$, die rekursiv definiert werden kann:

$$wege(m,n) = \begin{cases} 1 & \text{für } m = 1 \text{ oder } n = 1 \\ wege(m-1,n) + wege(m,n-1) & \text{sonst} \end{cases}$$

Zur Lösung der Aufgabe wird iterativ eine Tabelle erzeugt, wie sie für den Fall $w=8$ und $s=5$ in der Abbildung angedeutet ist.

Im Modus „8: Tabellenkalk." wird mit

[OPTN] [2] [1] [=] [▶] [▶] [▶] [▶] [▶] [▶] [DEL] [8] [=]

in die Zellen A1 bis A8 der Wert 1 eingetragen.

Entsprechend wird in die Zellen A1 bis E1 auch der Wert 1 eingetragen.

```
Wert füllen
Wert   :1
Zellen:A1:E1
```

Mithilfe der Cursorbewegungstasten wird die Zelle B2 ausgewählt.

Mittels [OPTN] [1] [ALPHA] [(−)] [2] [+] [ALPHA] [°'''] [1] [=]

[▶] [▶] [▶] [▶] [▶] [▶] [DEL] [DEL] [ALPHA] [cos] [8]

wird die Formel $A2+B1$ für den Bereich B2 bis E8 eingetragen. Dank der relativen Adressierung wird in jeder dieser Zellen die Summe der links und darüber benachbarten Zellen gebildet.

```
Formel füllen
Formel=A2+B1
Zellen:B2:E8
```

Die entstehende Tabelle entspricht tatsächlich dem oben entworfenen Muster.

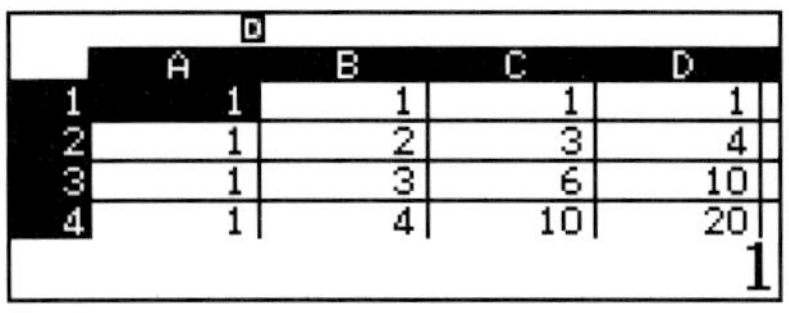

	A	B	C	D
1	1	1	1	1
2	1	2	3	4
3	1	3	6	10
4	1	4	10	20

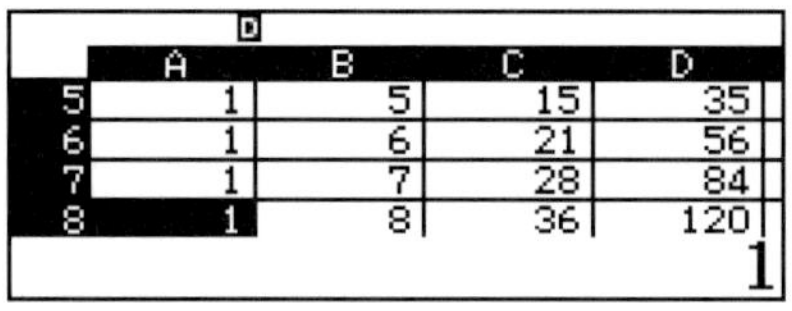

	A	B	C	D
5	1	5	15	35
6	1	6	21	56
7	1	7	28	84
8	1	8	36	120

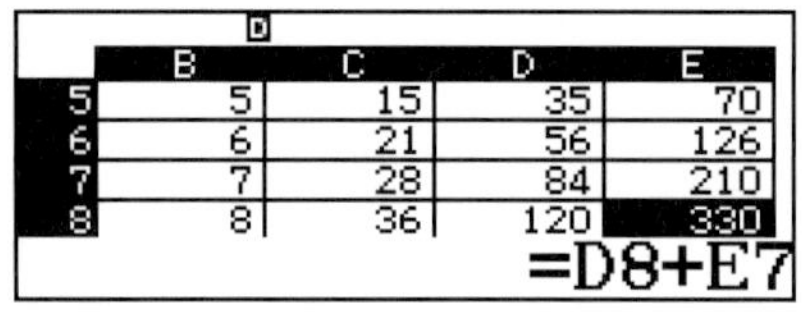

	B	C	D	E
5	5	15	35	70
6	6	21	56	126
7	7	28	84	210
8	8	36	120	330

In dem Buch [E. Specht, R. Strich: geometria - scientiae atlantis. Otto-von-Guericke-Universität Magdeburg 2009, ISBN 978-3-940961-19-8] wird auf Seite 27 die Anzahl der kürzesten Wege kombinatorisch ermittelt:

„Wie viele kürzeste Gitterwege gibt es von (0, 0) nach (*m*, *n*) mit $m, n \geq 0$?

Einem solchen Weg entspricht eineindeutig eine Folge von $m+n$ Zeichen $\uparrow$ (für „nach oben") und $\rightarrow$ (für „nach rechts"), wobei genau m-mal $\rightarrow$ und n-mal $\uparrow$ gewählt werden muss. Legen wir in der Reihe die Plätze für die $\uparrow$ fest, so sind die der $\rightarrow$ auch festgelegt (die übrigen nämlich). Für diese Wahl hat man genau $\binom{m+n}{n} = \binom{m+n}{m}$ Möglichkeiten."

So erklärt sich, dass in der erzeugten Tabelle die Binomialkoeffizienten des Pascal'schen Dreiecks stehen.

Nullstellenbetrachtungen mit dem Bisektionsverfahren

Dr. Wolfgang Ludwicki, Tangermünde

Das Bisektionsverfahren beruht auf dem Satz, dass jede stetige Funktion, deren Funktionswerte an den Rändern eines abgeschlossenen Intervalls unterschiedliche Vorzeichen haben, in diesem Intervall mindestens eine Nullstelle aufweist. Das ist eine Folgerung aus dem Zwischenwertsatz für stetige Funktionen.

Sind für eine stetige Funktion f die Zahlen a und b mit den Eigenschaften $a<b$ und $f(a)\cdot f(b)<0$ gefunden, so kann die Lage einer Nullstelle von f präzisiert werden, indem das Intervall $a\leq x\leq b$ halbiert wird und festgestellt wird, ob eine Nullstelle von f im Intervall $a\leq x\leq \frac{a+b}{2}$ oder im Intervall $\frac{a+b}{2}\leq x\leq b$ liegt. Wenn $f(a)$ und $f\left(\frac{a+b}{2}\right)$ unterschiedliche Vorzeichen haben, dann liegt eine Nullstelle von f im Intervall $a\leq x\leq \frac{a+b}{2}$, sonst liegt sie im Intervall $\frac{a+b}{2}\leq x\leq b$. Das so gefundene Intervall wird nun wieder halbiert und es wird festgestellt, in welcher Hälfte dieses Intervalls eine Nullstelle von f liegt. Dieses Vorgehen wird fortgesetzt, bis die Intervalllänge hinreichend klein ist, also eine Nullstelle mit ausreichender Genauigkeit ermittelt wurde.

Am Beispiel der Funktion $f(x)=x^x-3$ soll das Vorgehen unter Verwendung des Taschenrechners FX-991DE X erläutert werden.

Da $f(1)=-2$ und $f(2)=1$ unterschiedliche Vorzeichen haben, muss sich im Intervall $1\leq x\leq 2$ eine Nullstelle von f befinden.

Es wird eine Tabelle angelegt.

a	b	$\frac{a+b}{2}$	$f(a)$	$f\left(\frac{a+b}{2}\right)$
1	2	1,5	–2	–1,1629
1,5	2	1,75	–1,1629	–0,3373
1,75	2	1,875	–0,3373	0,2500
1,75	1,875	1,8125	–0,3373	–0,0615
1,8125	1,875	1,84375	–0,0615	0,0895
1,8125	1,84375	1,828125	–0,0615	0,0129

Ab der zweiten Zeile können die Zeilen so ausgefüllt werden:

- Aus der vorhergehenden Zeile werden die Werte für a, b und $f(a)$ übertragen.
- Mit der Tastenfolge [x] [x■] [x] [▶] [−] [3] wird die rechte Seite der Funktionsgleichung eingegeben. Der Funktionswert $f\left(\frac{a+b}{2}\right)$ wird berechnet, indem [CALC] betätigt und für X der Wert $(a+b)$ [÷] [2] eingegeben wird. Nach Betätigen von [=] erscheint der Wert für $f\left(\frac{a+b}{2}\right)$, der nun in die Tabelle eingetragen wird.
- Nochmaliges Drücken von [CALC] lässt den Wert von $(a+b)/2$ erscheinen, der jetzt in die Tabelle eingetragen wird. Damit ist die Zeile vollständig ausgefüllt.

In derselben Weise werden alle Zeilen ausgefüllt, die Funktionsgleichung muss dafür nur einmal eingegeben werden.

Das Vorgehen wird wesentlich effektiver, wenn das Intervall nicht halbiert, sondern in 10 äquidistante Teilintervalle zerlegt wird.

Im Modus „9:Tabellen" lässt sich das günstig realisieren. Zunächst wird der Term $x^x - 3$ eingegeben, als Startwert wird 1, als Endwert 2 und als Schrittweite wird 0,1 gewählt.

Durchblättert man die entstehende Tabelle, so lässt sich erkennen, dass eine Nullstelle zwischen 1,8 und 1,9 liegen muss.

[MENU] [9] [x] [x■] [x] [▶] [−] [3] [=] [=] [1] [=] [2] [=] [0] [,] [1] [=] [=]
[▼] [▼] [▼] [▼] [▼] [▼] [▼] [▼] [▼] [▼]

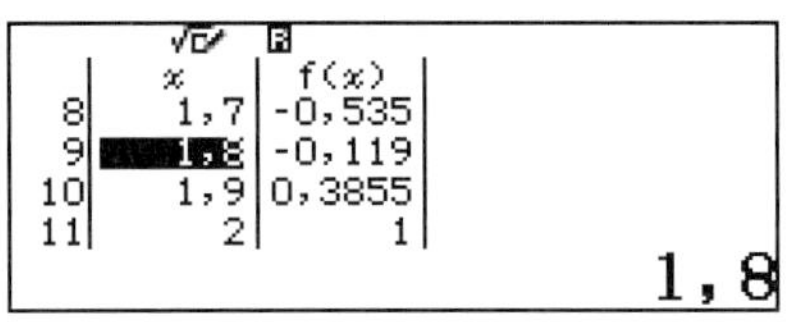

Nach der Eingabe von [AC] wird nun der Startwert 1,8, der Endwert 1,9 und eine Schrittweite von 0,01 gewählt. Der Wertetabelle kann entnommen werden, dass eine Nullstelle zwischen 1,82 und 1,83 liegen muss.

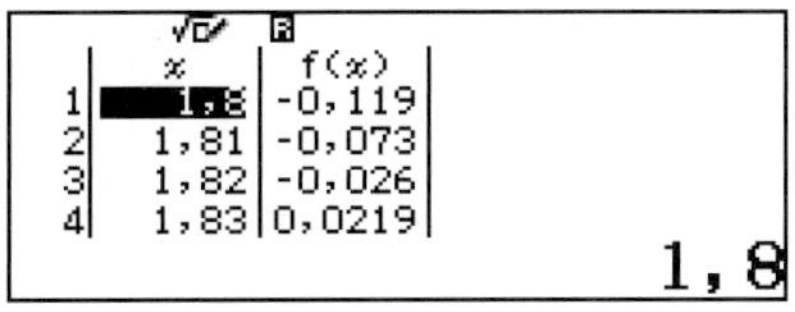

Bei dieser Vorgehensweise wird bei jedem Schritt die Nullstelle um eine Dezimale genauer ermittelt.

Eine Erörterung dieses Algorithmus vertieft das Verständnis für das Bisektionsverfahren und den Zwischenwertsatz. Die Freude am mathematischen Experiment befördert die gedankliche Durchdringung des mathematischen Inhalts.

Gleichungen der Art $x^x - 3 = 0$ können auch mithilfe der SOLVE-Taste einfacher und schneller gelöst werden.

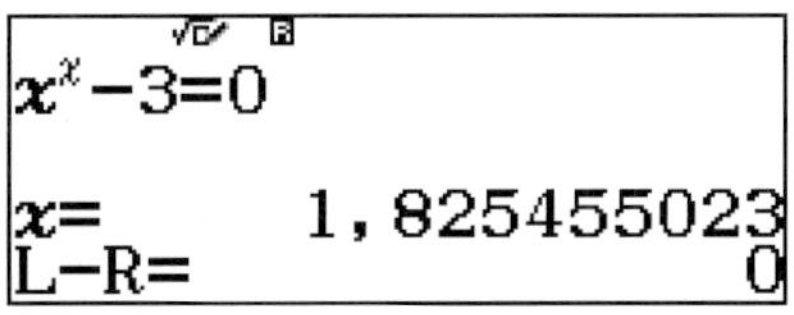

Es ist die obere Grenze b des Integrals $\int_0^b x^2 e^{-x^2} dx$ so zu ermitteln, dass der Wert des Integrals 0,2 ist. Die Fläche unter der Funktion $f(x) = x^2 e^{-x^2}$ vom Koordinatenursprung bis zur Stelle $x = b$ soll den Wert 0,2 haben.

Dasselbe Vorgehen wie oben führt zur Lösung. Mithilfe des Bisektionsverfahrens wird die Nullstelle der Funktion $f(x) = \int_0^x t^2 e^{-t^2} dt - 0{,}2$ im Modus „9: Tabellen" ermittelt. Zunächst wird für $f(x)$ der Term $\int_0^x x^2 e^{-x^2} dx - 0{,}2$ eingegeben, als Startwert wird 1, als Endwert 2 und als Schrittweite wird 0,1 eingegeben. Weitere Verfeinerung führt zu:

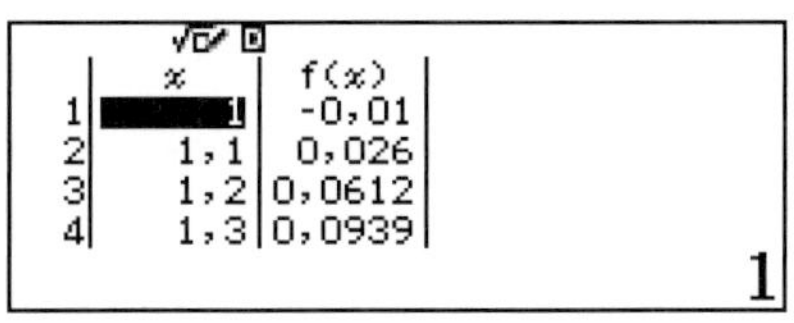

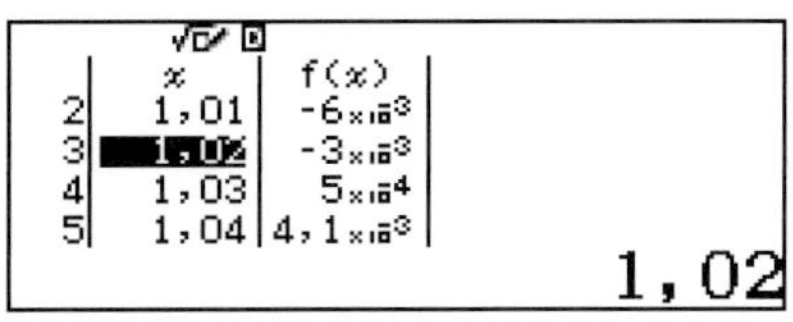

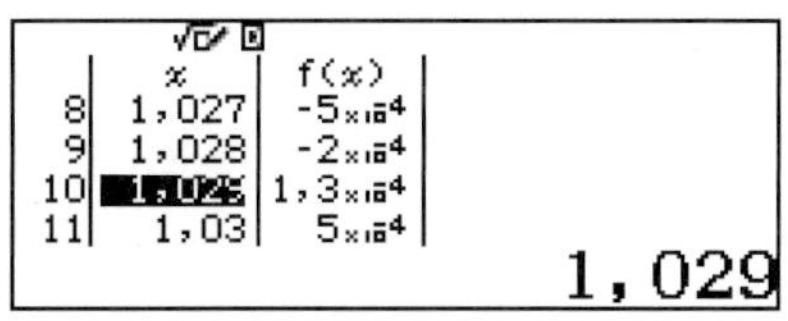

Es geht aber auch mithilfe des SOLVE-Befehls:

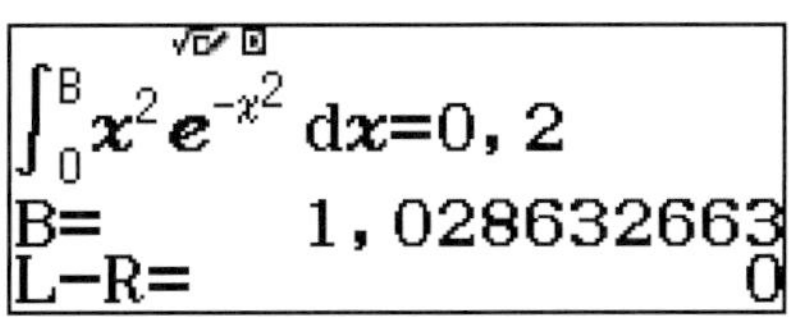

Kurvenuntersuchungen mithilfe von Wertetafeln für f(x), f'(x) und f''(x)

Dr. Wolfgang Ludwicki, Tangermünde

Für die Untersuchung des Verlaufs einer Funktion kann es günstig sein, die x-Werte, die zugehörigen Funktionswerte und die Werte für die erste und zweite Ableitung in derselben Tabelle darzustellen.

Das wird am Beispiel $f(x)=\frac{1}{7}x^7-x^2+2$ gezeigt. Es soll der Verlauf dieser Funktion im Intervall $-1{,}5 \le x \le 1.5$ untersucht werden.

Dazu wird folgende Tabelle betrachtet:

x	-1,5	-1,25	-1	-0,75	-0,5	-0,25	0	0,25	0,50	0,75	1	1,25	1,5
f(x)	-2,69	-0,24	0,86	1,42	1,74	1.93	2	1,94	1,75	1,46	1,14	1,12	2,19
f'(x)	14,39	6,31	3	1,68	1,02	0,50	0	-0,50	-0,98	-1,32	-1	1,31	8,39
f''(x)	-47,5	-20,3	-8	-3,42	-2,19	-2,01	-2	-1,99	-1,81	-0,58	4	16,31	43,56

Dieser Tabelle ist zu entnehmen:

- Die Funktion f hat im Intervall $-1{,}25 \le x \le -1$ eine Nullstelle.
- Der Graph der Funktion f schneidet die y-Achse im Punkt $H(0|2)$, dieser Punkt ist ein lokaler Hochpunkt, weil dort die erste Ableitung f' den Wert null hat und die zweite Ableitung f'' dort negativ ist.
- Der Graph der Funktion f hat im Intervall $1 \le x \le 1{,}25$ einen lokalen Tiefpunkt, weil in diesem Intervall die Werte von f' das Vorzeichen von minus zu plus wechseln.
- Der Graph der Funktion f hat im Intervall $0{,}75 \le x \le 1$ einen Rechts-Links-Wendepunkt, weil in diesem Intervall die Werte der zweiten Ableitung f'' von minus zu plus wechseln.

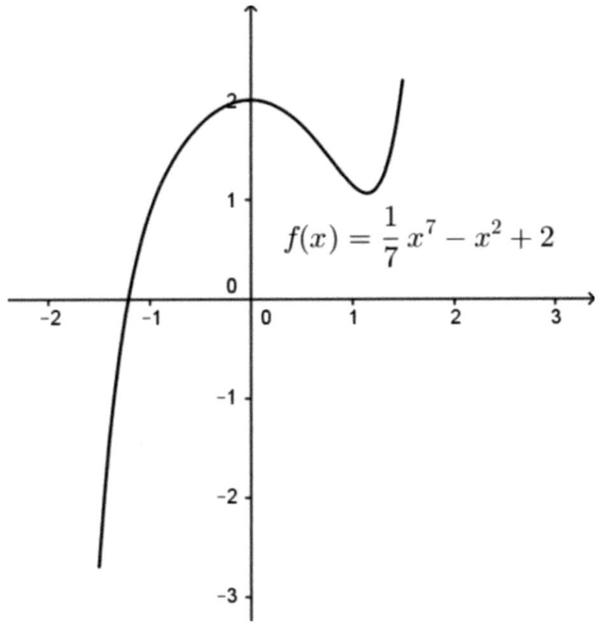

Mit dem **CASIO FX-991DE X** lässt sich solch eine Tabelle sehr einfach erzeugen, entweder im Modus „9:Tabellen" oder im Modus „8:Tabellenk.".

Zur Berechnung der Funktionswerte der Ableitungen kann entweder die Zweitbelegung der [∫▭]- Taste mit

$$\frac{d}{dx}(\square)\Big|_{x=\square}$$

aufgerufen werden oder die Ableitungsfunktion f' verwendet werden, die mithilfe der Differenziationsregeln berechnet wird.

Mithilfe des Menüpunktes „9:Tabellen" gelingt die Berechnung der ersten drei Zeilen der Tabelle, indem zunächst mit [SHIFT] [MENU] das Setup-Menü aufgerufen und mittels ▼ ▼ das Menü

```
1:Gleichung/Funkt
2:Tabellen
3:Period. Darst.
4:1000er-Trennung
```

angesteuert wird.

Mit [2] [2]

```
1:f(x)
2:f(x),g(x)
```

wird die gleichzeitige Berechnung zweier Funktionswertetafeln ermöglicht.

Nachdem mit MENU 9 das Menü für die Funktionswertetabellen geöffnet wurde, wird die Funktionsgleichung von f eingegeben:

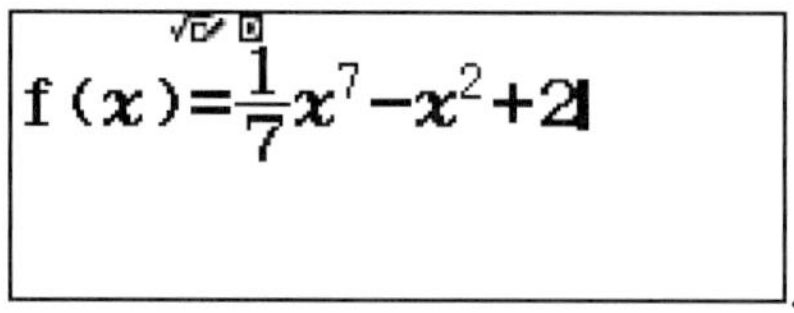

Für $g(x)$ wird die Ableitung von f mithilfe der Zweitbelegung der ∫-Taste eingegeben, dabei wird für die Differenziationsstelle $x = x$ geschrieben:

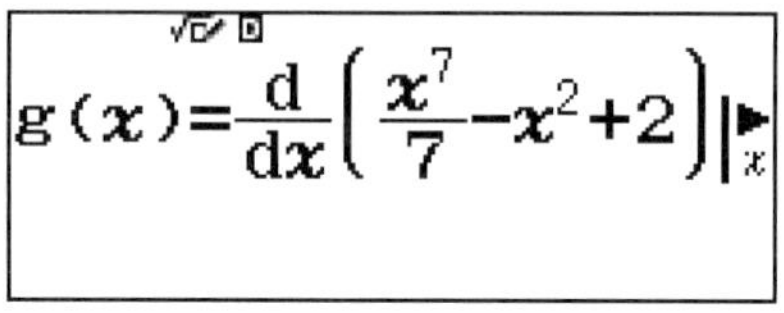

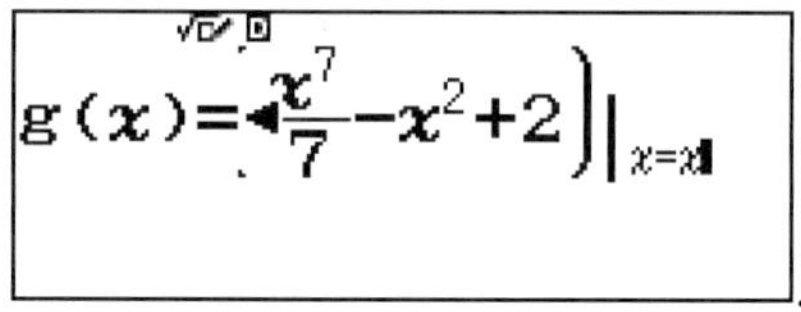

Schließlich werden die Festlegungen für die Argumentwerte eingegeben:

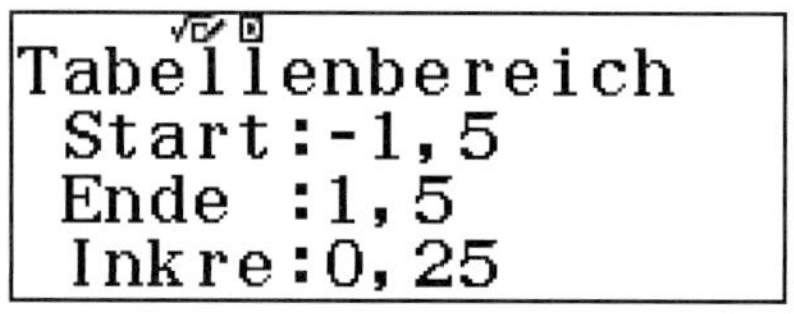

Es erscheint eine Tabelle mit den Argumentwerten, den Funktionswerten und den Werten der ersten Ableitung f':

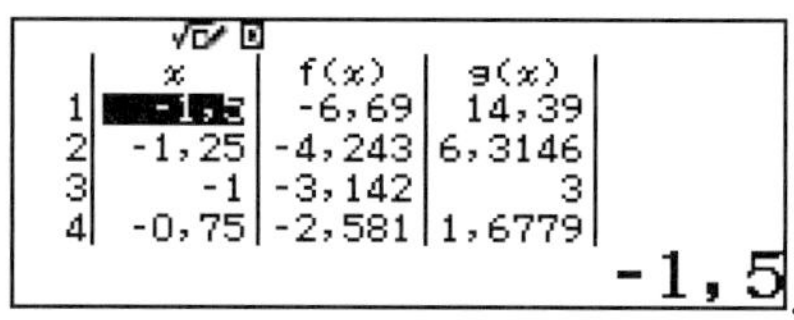

Zur Berechnung der Werte der zweiten Ableitung f'' werden mithilfe der Zweitbelegung der ∫-Taste die Werte der ersten Ableitung der Funktion $f'(x) = x^6 - 2x$ berechnet:

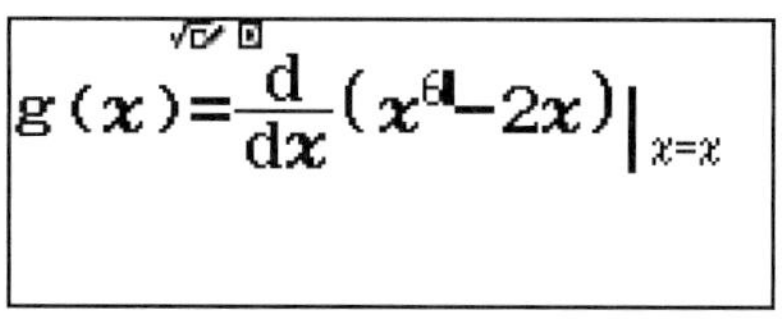

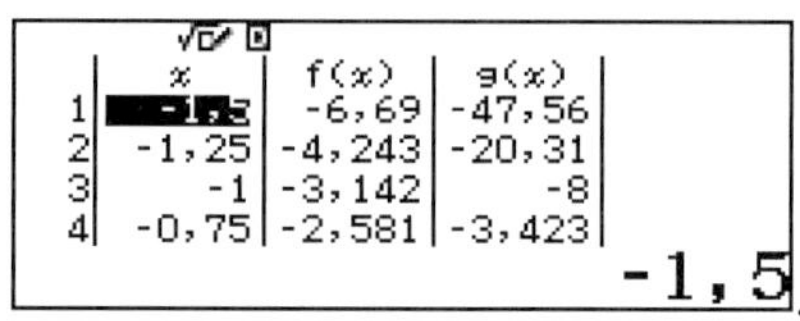

Diese Tabelle kann auch mithilfe der Tabellenkalkulation erzeugt werden.

Zuerst wird in die Zelle $A1$ der Wert $-1{,}5$ eingetragen. In Zelle $A2$ wird mittels [OPTN] [1] die Formel $A1+0{,}25$ für den Bereich $A2:A13$ eingegeben. Damit stehen in der Spalte A die Argumentwerte von $-1{,}5$ bis $1{,}5$ mit der Schrittweite $0{,}25$. In die Zelle $B1$ wird die Formel $1\div 7\times A1\wedge(7)-A1^2+2$ für den Bereich $B1:B13$ eingetragen. In die Zelle $C1$ wird die Formel $A1\wedge(6)-2A1$ für den Bereich $C1:C13$ eingetragen. In die Zelle $D1$ wird schließlich die Formel $6\times A1\wedge(5)-2$ für den Bereich $D1:D13$ eingetragen. Damit ist die gewünschte Tabelle hergestellt:

	A	B	C	D
1	-1,5	-2,69	14,39	-47,56
2	-1,25	-0,243	6,3146	-20,31
3	-1	0,8571	3	-8
4	-0,75	1,4184	1,6779	-3,423

=6×A1^(5)-2.

Die Werte der Ableitungen können auch in der Tabellenkalkulation mithilfe der Zweitbelegung der [∫▭]- Taste berechnet werden. Dafür muss nur in der Zelle $C1$ die Formel in der Form $d/dx(1\div 7\times x\wedge(7)-x^2-2;A1)$ eingegeben werden.

Zur Übung:

Ermitteln Sie mit den beschriebenen Methoden die Graphen der folgenden Funktionen:

a) $f(x) = -(x+4)\cdot(x+2)^2\cdot(x-1)$
b) $f(x) = -(x+2)\cdot x^2\cdot(x-4)$
c) $f(x) = (x+3)\cdot x^4\cdot(x-3)\cdot(x-4)$

Lösungen

a)

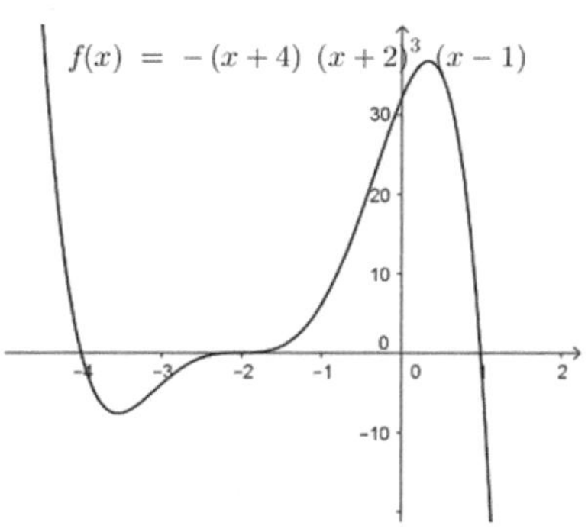

b)

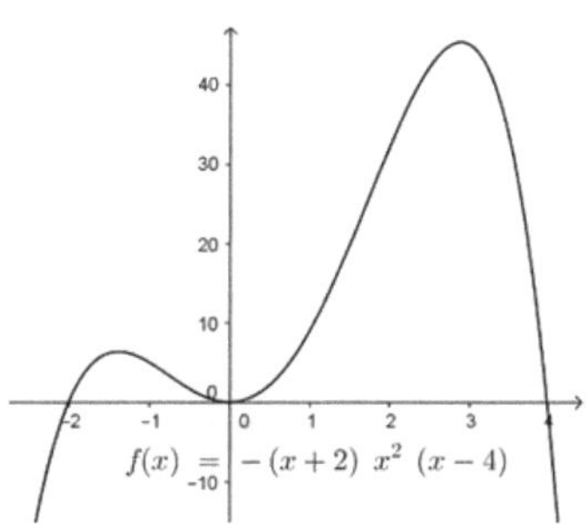

c)

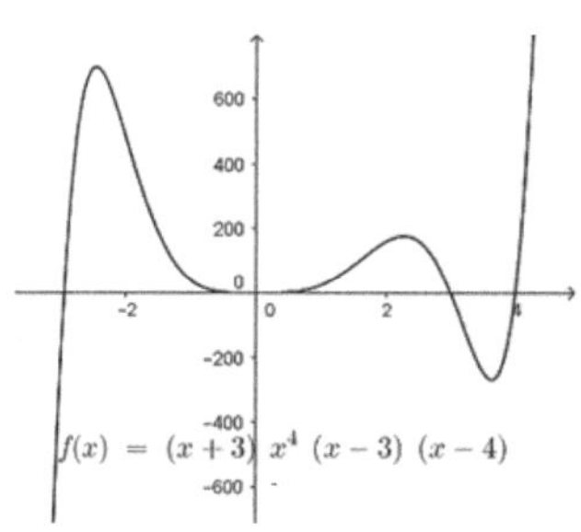

Kurvenuntersuchungen ganzrationaler Funktionen: Das Lösen von Ungleichungen

Dr. Wolfgang Ludwicki, Tangermünde

Der CASIO FX-991DE X erlaubt im Modus „B: Ungleichungen" das Lösen von quadratischen und kubischen Ungleichungen sowie Ungleichungen vierten Grades.

Nachdem die Entscheidung für den Grad der Polynom-Ungleichung getroffen wurde, wird zwischen >0, <0, ≥ 0 oder ≤ 0 gewählt.

Bei der Lösungsangabe werden sowohl die Lösungsstruktur als auch die Lösungsintervalle angezeigt. Die folgenden Bilder demonstrieren die Lösung der Ungleichung $0{,}5x^4 + 3{,}5x^3 + 6x^2 - 2x - 8 < 0$.

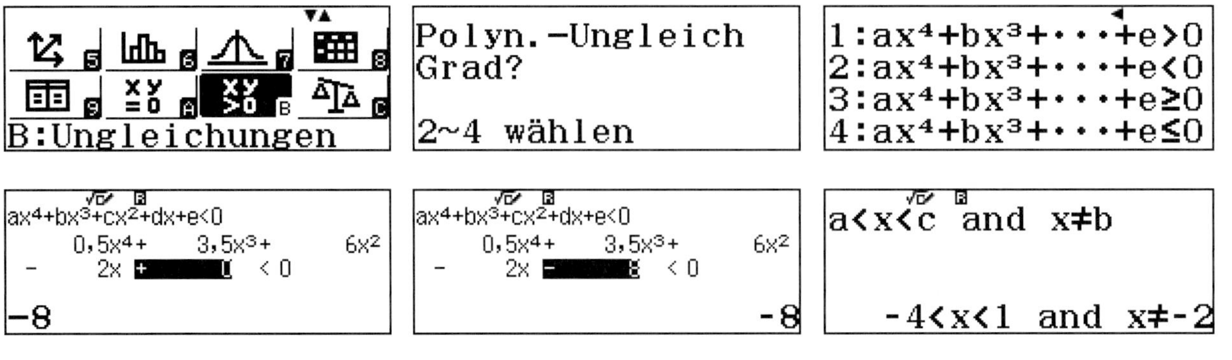

Bei der im Folgenden vorgestellten Methode zur Ermittlung des qualitativen Verlaufs des Graphen einer ganzrationalen Funktion mithilfe einer Tabelle kommt es nicht auf eine möglichst genaue Darstellung des Bildes der Funktion an. Das können CAS-Rechner und grafikfähige Taschenrechner besser. Die Beschäftigung mit der Tabelle kann Schülerinnen und Schüler zu der Einsicht führen, warum der Graph einer gegebenen Funktion seine spezielle Gestalt hat. Sie erkennen dann das Wesentliche der jeweiligen Funktion und es werden ihnen die Zusammenhänge zwischen dem Graphen der Funktion und seinen Ableitungen bewusst.

Beispiel:

Skizzieren Sie (qualitativ) den Graphen der Funktion $f(x) = -\frac{1}{4}x^4 + x^3 - \frac{3}{2}x^2 + 2x + \frac{19}{4}$.

Zuerst sind die Ableitungen von f zu bestimmen:

$$f'(x) = -x^3 + 3x^2 - 3x + 2,$$
$$f''(x) = -3x^2 + 6x - 3,$$
$$f'''(x) = 6 - 6x.$$

Dann werden die Lösungen der Ungleichungen $f'(x) \geq 0$, $f''(x) \geq 0$, und $f'''(x) \geq 0$ mit dem FX-991DE X ermittelt und geordnet in eine Tabelle eingetragen; zur Kontrolle kann auch noch $f'(x) < 0$, $f''(x) < 0$ und $f'''(x) < 0$ bestimmt werden.

Die Monotonieintervalle ergeben sich aus den Lösungen der Ungleichungen $f'(x) > 0$ und $f'(x) < 0$, denn für $f'(x) > 0$ ist f monoton wachsend, für $f'(x) < 0$ ist f monoton fallend.

Der Graph der Funktion f ist konvex (linksgekrümmt) in allen Intervallen, in denen $f''(x) > 0$ gilt, bei $f''(x) < 0$ ist der Graph der Funktion konkav (rechtsgekrümmt).

Im Modus „A:Gleichung/Funkt“ werden die Nullstellen von f berechnet ($x_{0_1} = -1$ und $x_{0_2} \approx 3{,}41$). Diese Werte werden in der Tabelle ebenfalls berücksichtigt.

x	$-\infty$	-1	1	2	3,41	$+\infty$
$f'''(x)$	+	+	0	–	–	–
$f''(x)$	–	–	0	–	–	–
$f'(x)$	+	+	+	0	–	–
$f(x)$	$-\infty$	↗ 0	↗ 6	↗ 6,75	↘ 0	↘ $-\infty$
Graph	rechtsgekr.	rechtsgekr.	Flachpunkt	rechtsgekr.	rechtsgekr.	rechtsgekr.
Graph	m. wachsd.	m. wachsd.	m. wachsd.	Max.	m. fallend	m. fallend
Graph	unterhalb der x-Achse	Nullstelle	oberhalb der x-Achse	oberhalb der x-Achse	Nullstelle	unterhalb der x-Achse

Aus der Tabelle geht hervor, dass der Graph der Funktion f bei $x=1$ einen Flachpunkt hat, denn $f''(1)=f'''(1)=0$ und $f^{(4)}(1)=-6\neq 0$.

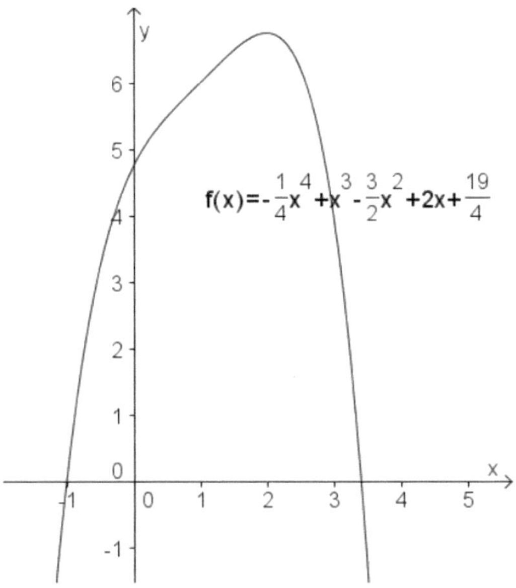

In ihrem Buch „Mathematik sehen und verstehen“[1] erläutert D. Haftendorn das qualitative Skizzieren der Bilder ganzrationaler Funktionen mit der Methode *Felderabstreichen*. Bei dieser Methode muss entschieden werden, ob der Graph einer Funktion zwischen seinen aufeinanderfolgenden Nullstellen oberhalb oder unterhalb der x-Achse verläuft.

Der Einsatz des FX-991DE X im Modus „B: Ungleichungen“ kann diese Methode unterstützen.

Bei der Ermittlung des qualitativen Verlaufs des Graphen der Funktion $f(x)=\frac{1}{64}\left(-3x^4+22x^3-48x^2+42x+115\right)$ kann die „Ungleichungs-Tabellen-Methode“ gut geübt werden. Der Graph dieser Funktion hat die folgenden markanten Punkte:

Nullstellen: $x_1=-1$ und $x_2=5$; Flachpunkt $(1/2)$, absolutes Maximum bei $x_e=3{,}5$.

[1] Dörte Haftendorn: Mathematik sehen und verstehen. Schlüssel zur Welt. Heidelberg 2010, S. 130ff.
www.mathematik-sehen-und-verstehen.de

Schnittwinkelberechnung

Dr. Wolfgang Ludwicki, Tangermünde

In der Schulmathematik ist es üblich, als Schnittwinkel zweier sich schneidender Geraden den Winkel zu bezeichnen, der kleiner oder gleich 90° ist.

Betrachtet werden die Geraden mit den Gleichungen $y = m_1 \cdot x + n_1$ und $y = m_2 \cdot x + n_2$.

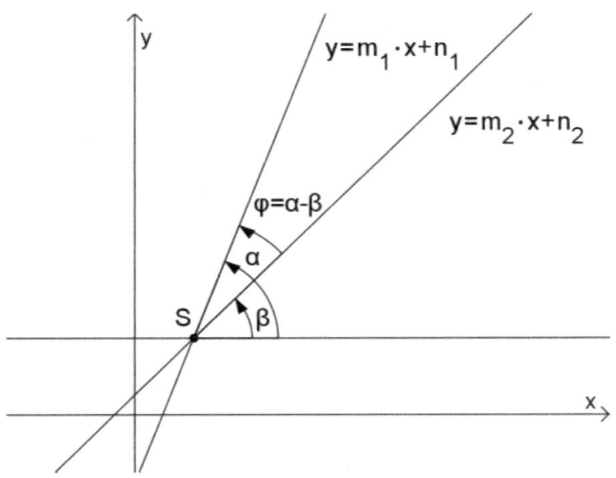

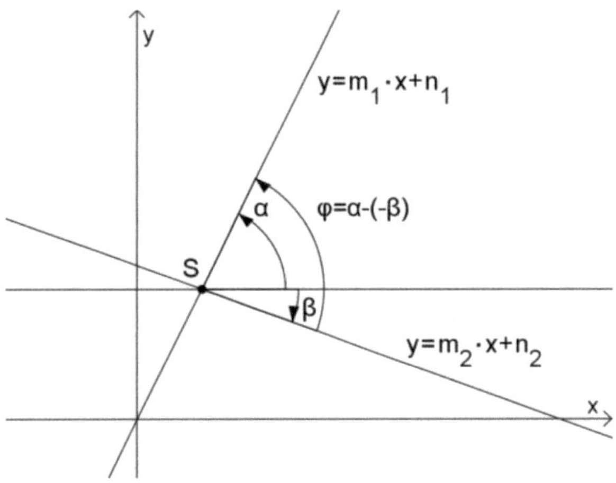

Für die Anstiege der Geraden gilt $m_1 = \tan(\alpha)$ und $m_2 = \tan(\beta)$. Die Umkehrfunktion der Tangensfunktion ($\tan$), nämlich $\arctan$, wird auf dem CASIO FX-991DE X mit $\tan^{-1}$ bezeichnet. Für positive Argumente sind die Funktionswerte Winkelgrößen zwischen $0°$ und $90°$, für negative Argumente Winkelgrößen zwischen $-90°$ und $0°$. Das verdeutlichen die Zeichnungen und die Formel:

$$\varphi = \begin{cases} \left|\tan^{-1}(m_1) - \tan^{-1}(m_2)\right| & \text{, falls } \left|\tan^{-1}(m_1) - \tan^{-1}(m_2)\right| \le 90° \\ 180° - \left|\tan^{-1}(m_1) - \tan^{-1}(m_2)\right| & \text{sonst.} \end{cases}$$

Die Kurve k_1 sei der Graph der Funktion f_1, die Kurve k_2 sei der Graph der Funktion f_2. Diese beiden Kurven mögen sich im Punkt $S(x_S / y_S)$ schneiden. Weiterhin seien die Funktionen f_1 und f_2 an der Stelle x_S differenzierbar. Als Schnittwinkel der Kurven k_1 und k_2 wird der Winkel bezeichnet, den die Tangenten an k_1 und k_2 im Punkt S miteinander einschließen.

Damit wird der Schnittwinkel zweier Kurven als Winkel zwischen zwei Geraden definiert.

Die Tangenten an die Kurven k_1 und k_2 im Punkt S sind Geraden mit den Anstiegen $f_1'(x_s)$ bzw $f_2'(x_s)$, folglich ergibt sich nach den vorhergehenden Betrachtungen ihr Schnittwinkel zu:

$$\varphi = \begin{cases} \left|\tan^{-1}\left(f_1'(x_S)\right) - \tan^{-1}\left(f_2'(x_S)\right)\right| & \text{, falls } \left|\tan^{-1}\left(f_1'(x_S)\right) - \tan^{-1}\left(f_2'(x_S)\right)\right| \le 90° \\ 180° - \left|\tan^{-1}\left(f_1'(x_S)\right) - \tan^{-1}\left(f_2'(x_S)\right)\right| & \text{sonst.} \end{cases}$$

Die Berechnung der Schnittwinkel zweier Kurven mit dem CASIO FX-991DE X wird an einem Beispiel gezeigt:

Die Kurve k_1 sei der Graph der Funktion $f_1(x) = x^x$ mit $x > 0$

und k_2 sei der Graph der Funktion $f_2(x) = -\frac{1}{3}x^2 + 2$.

Zunächst wird der x-Wert des Schnittpunktes S der beiden Kurven berechnet, indem die Gleichung

$$x^x = -\frac{1}{3}x^2 + 2$$

gelöst wird. Das geschieht mithilfe der SOLVE-Taste:

[x] [x■] [x] ▶ [ALPHA] [CALC] [−] [■/□] [1] ▼ [3] ▶ [x] [x²] [+] [2]

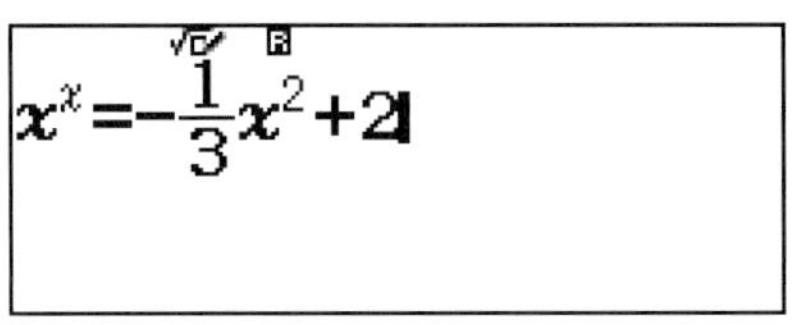

[SHIFT] [CALC] [1] [=] [=] führt zur Lösung $x_S \approx 1{,}311$:

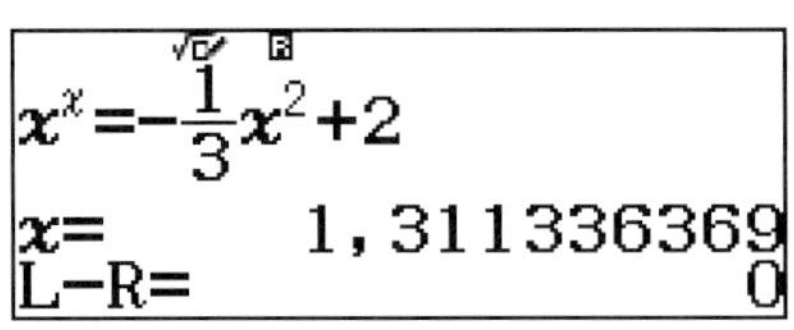

Dieser Wert wird in A gespeichert [STO] [(−)].

Als Winkelmaß wird Deg eingestellt: [SHIFT] [MENU] [2] [1]

Bei der Eingabe der Formel für die Berechnung des Schnittwinkels werden die ersten Ableitungen $f_1'(x_s)$ und $f_2'(x_s)$ numerisch mithilfe der [SHIFT] [∫▭]-Taste berechnet:

[SHIFT] [tan] [SHIFT] [∫▭] [x] [x■] [x] [▶] [▶] [ALPHA] [(−)] [▶] [)]

[−] [SHIFT] [tan] [SHIFT] [∫▭] [▭/▭] [−] [x] [x²] [▼] [3] [▶] [+] [2] [▶] [ALPHA] [(−)] [▶] [)] [=]

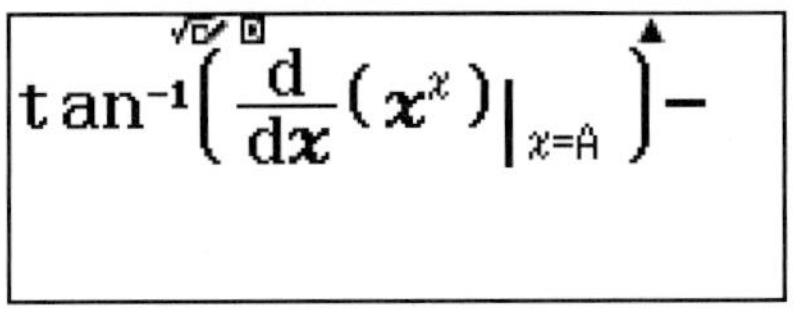

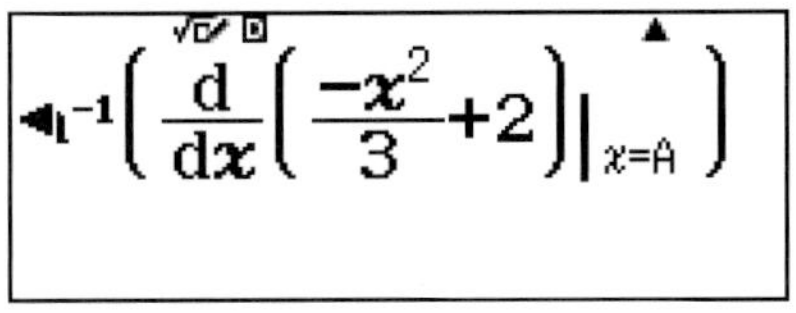

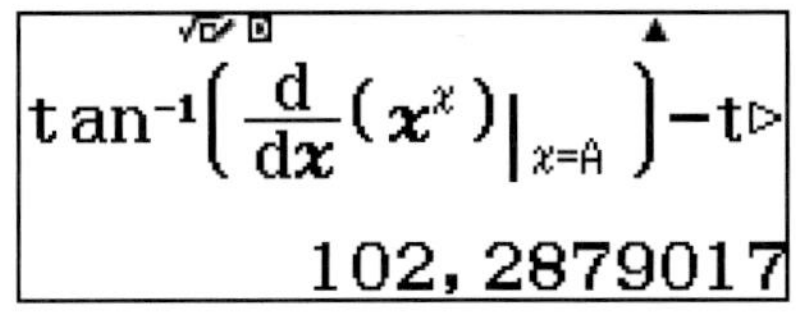

Das Ergebnis ist die Winkelgröße $\approx 102,2879°$.

Da diese größer als $90°$ ist, muss die Rechnung mit

[1] [8] [0] [−] [Ans] fortgesetzt werden.

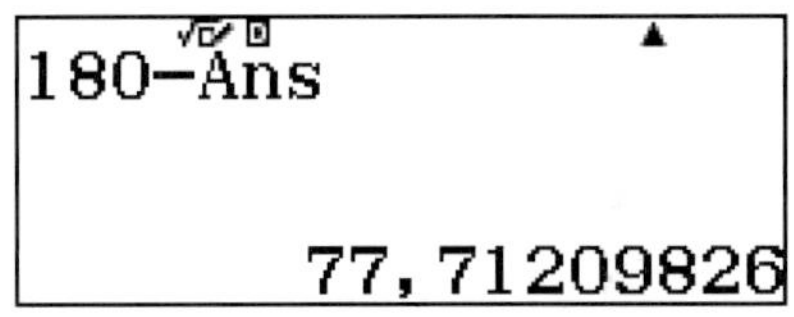

Der Schnittwinkel ist etwa $77,712°$ groß.

Die Rechnung wird eventuell übersichtlicher, wenn die Anstiegswinkel der Tangenten einzeln berechnet und separat gespeichert werden.

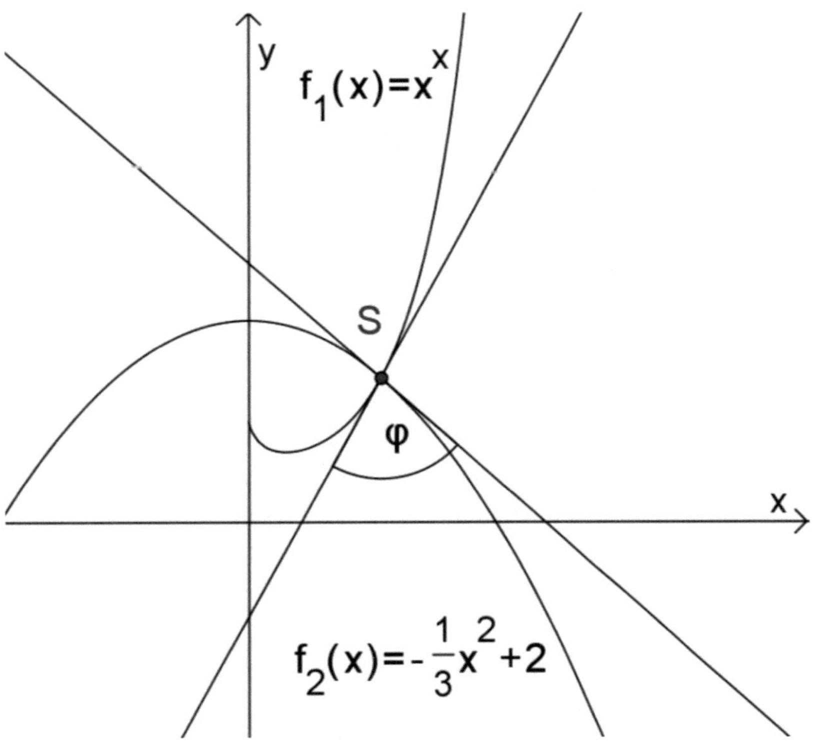

Grundfragen der Integralrechnung

Dr. Wolfgang Ludwicki, Tangermünde

Zum Kanon des Mathematikunterrichts in der Qualifikationsphase gehört die Behandlung des bestimmten Integrals. Dabei bildet der Riemann'sche Integralbegriff die Grundlage. Das Riemann'sche Integrabilitätskriterium wird sehr selten zum Unterrichtsgegenstand erhoben. Vielmehr wird implizit verwendet, dass jede stetige Funktion über einem abgeschlossenen Intervall Riemann-integrierbar ist. Vor dem Hintergrund der Riemannschen Integrationstheorie ist dann die folgende Definition des bestimmten Integrals einer stetigen Funktion *f* auf dem Intervall $a \leq x \leq b$ gerechtfertigt:

$$\int_a^b f(x)dx = \lim_{n \to \infty} \frac{b-a}{n} \sum_{i=1}^{n} f\left(a + i \cdot \frac{b-a}{n}\right)$$

Im Unterricht kann die Frage nach dem Flächeninhalt zwischen der x-Achse und dem Graphen einer Funktion über einem Intervall $a \leq x \leq b$ zu dieser Definition führen, wenn *f* in diesem Intervall keine negativen Funktionswerte annimmt. Es sollte im Unterricht aber deutlich werden, dass der Flächeninhalt mittels des Integrals definiert wird und nicht umgekehrt.

Statt eine exakte Berechnung des Grenzwertes vorzunehmen, wird häufig nur die Berechnung für große *n* gewählt. Dafür kann der CASIO FX-991DE X sinnvoll verwendet werden.

Besonders übersichtlich wird die Eingabe, wenn für *a*, *b* und *n* die Speicher **A**, **B** bzw. **C** verwendet werden.

Beispiel 1:

Bestimmen Sie den Inhalt der Fläche unter dem Graphen der Funktion $f(x) = \sqrt{9 - x^2}$ im Intervall $0 \leq x \leq 3$. (Dabei handelt es sich um einen Viertelkreis mit dem Radius 3.)

In diesem Fall ist $a = 0$ und $b = 3$. Durch die Stellen $x_i^{(n)} = i \cdot \frac{3}{n}$ für $i = 1, \ldots, n$ wird das Intervall $0 \leq x \leq 3$ in *n* gleich lange Teilintervalle zerlegt. Der Term $\frac{3}{n} \cdot f\left(x_i^{(n)}\right)$ kann als der Flächeninhalt des größten Rechtecks über dem *i*-ten Teilintervall gedeutet werden, das nicht über den Graphen der Funktion $f(x) = \sqrt{9 - x^2}$ hinausragt.

Die Summe $\sum_{i=1}^{n} \frac{3}{n} \cdot \sqrt{9-\left(i\cdot\frac{3}{n}\right)^2}$ ist dann eine Darboux'sche Untersumme bei einer Zerlegung des Intervalls in *n* äquidistante Teilintervalle, entsprechend ist $\sum_{i=0}^{n-1} \frac{3}{n} \cdot \sqrt{9-\left(i\cdot\frac{3}{n}\right)^2}$ eine Darboux'sche Obersumme.

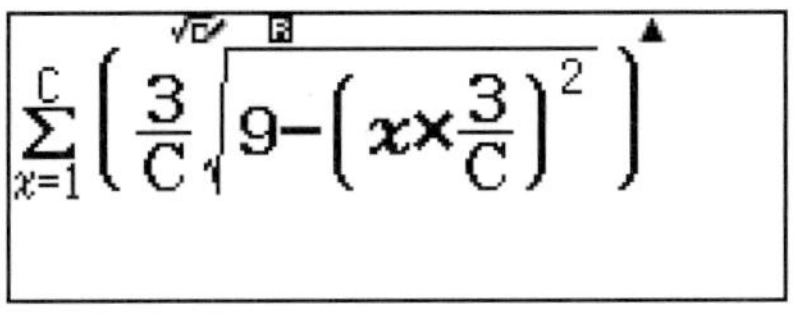

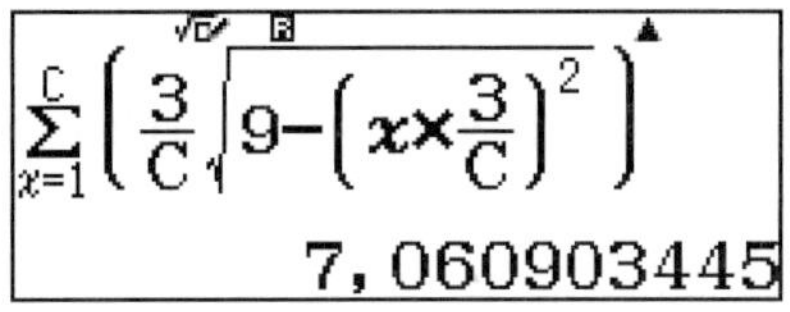

Die Berechnung erfolgt mithilfe der CALC-Taste. Für **C** kann 600 eingegeben werden, die Eingabe für **X** wird mittels ⊟-Taste ignoriert. Das Ergebnis 7,0609 kann mit dem exakten Wert $\frac{9}{4}\pi \approx 7{,}0686$ verglichen werden.

Das ist eine näherungsweise Berechnung des Integrals $\int_0^3 \sqrt{9-x^2}\,dx$.

Beispiel 2:

Bestimmen Sie den Inhalt der Fläche unter dem Graphen der Funktion $f(x)=\frac{1}{x}$ im Intervall $0<a\le x\le b$.

Durch die Stellen $x_i^{(n)} = a + i\cdot\frac{b-a}{n}$ für $i=1,\ldots,n$ wird das Intervall $0<a\le x\le b$ in *n* äquidistante Teilintervalle zerlegt.

Das folgende Bild deutet eine mögliche Eingabe an.

$$\sum_{i=1}^{n}\left(\frac{b-a}{n}\cdot f\left(x_i^{(n)}\right)\right)=\sum_{i=1}^{n}\left(\frac{b-a}{n}\cdot\frac{1}{a+i\cdot\frac{b-a}{n}}\right)=\sum_{x=1}^{C}\left(\frac{B-A}{C}\cdot\frac{1}{A+x\cdot\frac{B-A}{C}}\right)$$

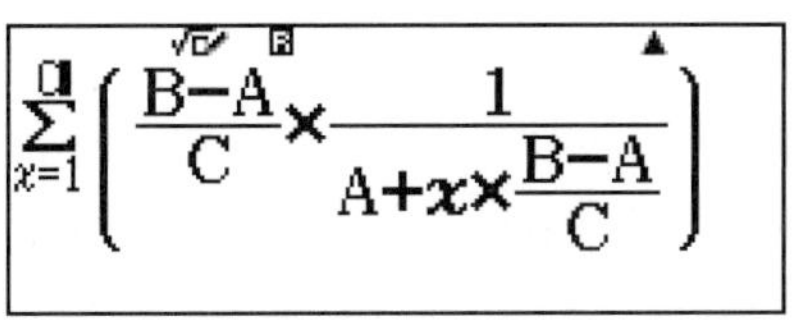

Zum Beispiel ergibt sich für $A = 1$, $B = 4$ und $C = 1000$ die Summe:

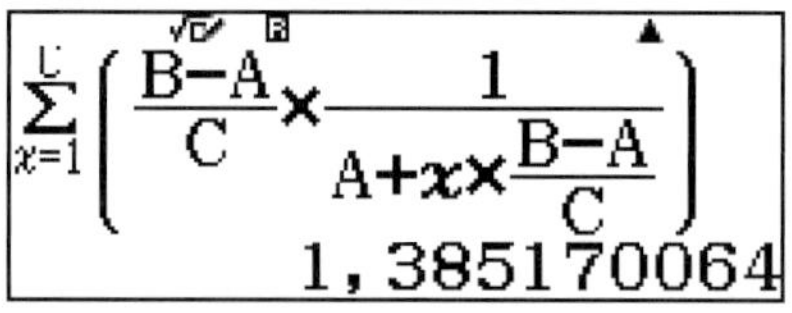

(Der Grenzwert ist $\ln(4) = \log_e(4) \approx 1{,}3863$.)

Die numerische Berechnung der Näherungssummen kann zur Herausbildung des Begriffes des bestimmten Integrals verwendet werden.

Bei der Anwendung des bestimmten Integrals bietet der CASIO FX-991DE X mit der [∫▭]-Taste eine komfortable Möglichkeit zur numerischen Berechnung bestimmter Integrale.

In fast allen Bundesländern sind die Operatoren für die Abiturprüfung so exakt festgelegt, dass die Schüler genau wissen, welche Methoden sie zur Ermittlung eines bestimmten Integrals in konkreten Grenzen verwenden dürfen.

Auch bei der Anwendung der Formel von Newton und Leibniz

$$\int_a^b f(x)dx = F(b) - F(a), \text{ wobei } F' = f,$$

kann der CASIO FX-991DE X vorteilhaft eingesetzt werden.

Der Funktionsterm der Stammfunktion F wird in den Rechner eingegeben und es werden mithilfe der [CALC]-Taste die Werte $F(b)$ und $F(a)$ berechnet und in B bzw. A gespeichert, schließlich wird B - A berechnet.

Beispiel:

$$\int_{1,2}^{2,7}\left(x^2-3x+4\right)dx = \left[\frac{x^3}{3}-\frac{3x^2}{2}+4x\right]_{1,2}^{2,7} = \left(\frac{2,7^3}{3}-\frac{3\cdot 2,7^2}{2}+4\cdot 2,7\right)-\left(\frac{1,2^3}{3}-\frac{3\cdot 1,2^2}{2}+4\cdot 1,2\right) = 3,21$$

Folgende Eingaben liefern das Ergebnis:

[∫▭] [x] [SHIFT] [x²] [▼] [3] [▶] [−] [∫▭] [3] [x] [x²] [▼] [2] [▶] [+] [4] [x] [CALC] [2] [,]
[7] [=] [=] [STO] [°’’’] $\frac{3213}{500} \longrightarrow B$
[▲] [CALC] [1] [,] [2] [=] [=] [STO] [(−)] $\frac{402}{125} \longrightarrow A$
[ALPHA] [°’’’] [−] [ALPHA] [(−)] [=]

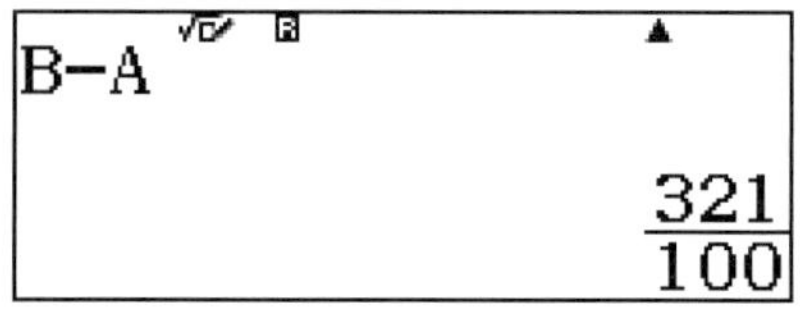

Nach zweimaligem Betätigen der [▲]-Taste kann das bestimmte Integral mit demselben Integranden für andere Grenzen berechnet werden.

Diese Vorgehensweise ist günstig, wenn die Fläche zwischen den Graphen zweier Funktionen f und g über einem Intervall $a \leq x \leq b$ berechnet werden soll.

Beispiel 3:

Bestimmen Sie den Inhalt der Fläche, die von den Graphen der Funktionen

$$f(x) = \frac{2}{30}x^3 - \frac{7}{30}x^2 - \frac{29}{30}x + \frac{13}{3} \qquad \text{und} \qquad g(x) = -\frac{8}{30}x^3 + \frac{103}{30}x^2 - \frac{409}{30}x + \frac{53}{3}$$

sowie den Geraden $x = 1{,}5$ und $x = 6$ begrenzt wird.

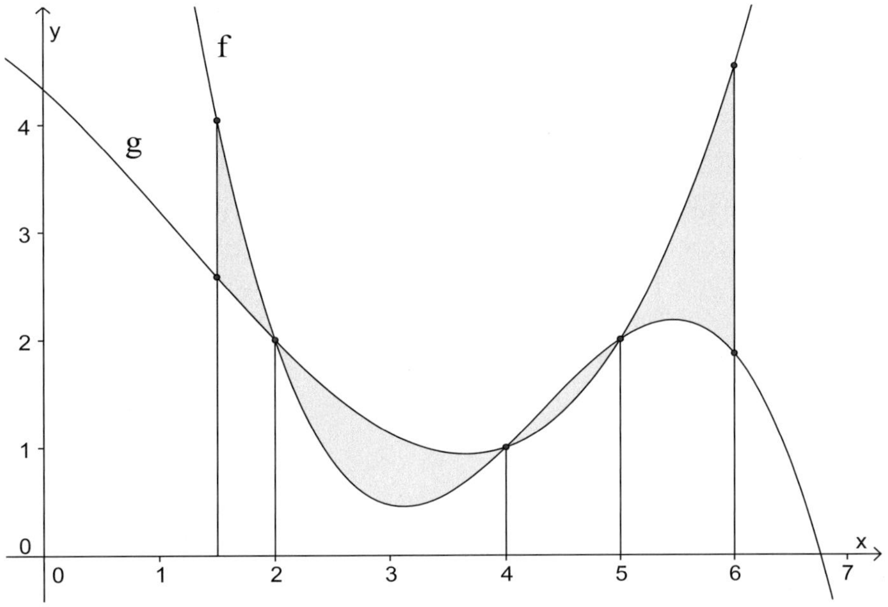

Da sich die Graphen der Funktionen f und g an den Stellen $x = 2$, $x = 4$ und $x = 5$ schneiden, ergibt sich der gesuchte Flächeninhalt als

$$A = \left|\int_{1,5}^{2} (f(x) - g(x))\,dx\right| + \left|\int_{2}^{4} (f(x) - g(x))\,dx\right| + \left|\int_{4}^{5} (f(x) - g(x))\,dx\right| + \left|\int_{5}^{6} (f(x) - g(x))\,dx\right|.$$

Wenn die Schülerinnen und Schüler die [∫▭]-Taste nicht benutzen dürfen, werden sie zunächst eine Stammfunktion H der Funktion $h(x) = f(x) - g(x)$ ermitteln:

$$H(x) = \int h(x)dx = \frac{x^4}{12} - \frac{11x^3}{9} + \frac{19x^2}{3} - \frac{40x}{3} + c$$

Damit kann der gesuchte Flächeninhalt ermittelt werden:

$$A = |H(2) - H(1{,}5)| + |H(4) - H(2)| + |H(5) - H(4)| + |H(6) - H(5)| = \frac{457}{192}$$

In den FX-991DE X wird zunächst der Funktionsterm der Funktion $H(x)$ eingegeben. Dann werden mithilfe der CALC-Taste die Werte $H(1{,}5)$, $H(2)$, $H(4)$, $H(5)$ und $H(6)$ berechnet, diese Werte werden gespeichert in **A**, **B**, **C**, **D** bzw. **E**.

Die Eingabe $|A-B|+|B-C|+|C-D|+|D-E|$ führt schließlich zum Ergebnis.

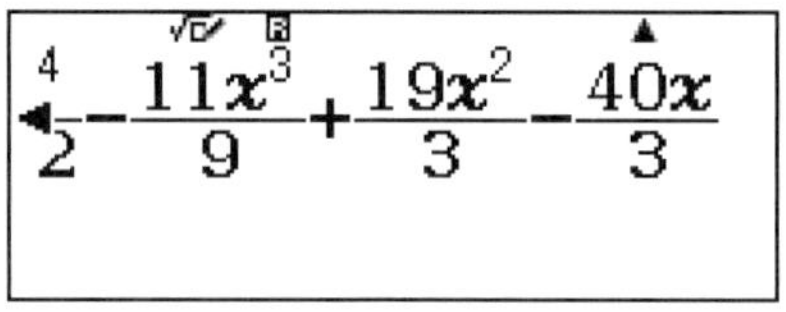

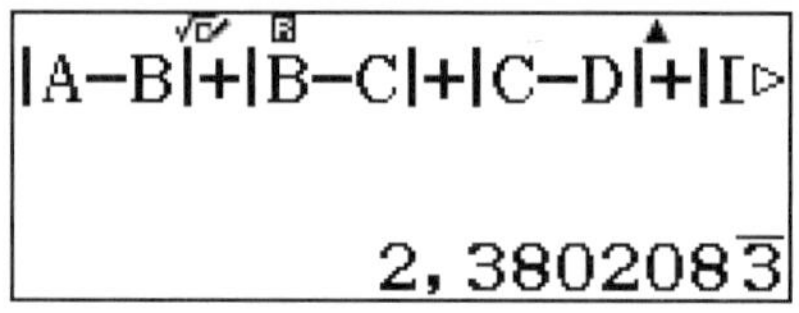

Die Betragsstriche werden mit SHIFT (erzeugt.

Ist es den Schülern erlaubt, die ∫-Taste zu benutzen, dann führt die folgende Umformung zu einer sehr bequemen Möglichkeit der Flächeninhaltsberechnung.

$$A=\left|\int_{1,5}^{2}\big(f(x)-g(x)\big)dx\right|+\left|\int_{2}^{4}\big(f(x)-g(x)\big)dx\right|+\left|\int_{4}^{5}\big(f(x)-g(x)\big)dx\right|+\left|\int_{5}^{6}\big(f(x)-g(x)\big)dx\right|=$$
$$=\int_{1,5}^{2}\left|f(x)-g(x)\right|dx+\int_{2}^{4}\left|f(x)-g(x)\right|dx+\int_{4}^{5}\left|f(x)-g(x)\right|dx+\int_{5}^{6}\left|f(x)-g(x)\right|dx=$$
$$=\int_{1,5}^{6}\left|f(x)-g(x)\right|dx$$

Das letzte Integral ist für eine Anwendung des Hauptsatzes der Differenzial- und Integralrechnung nicht geeignet, da sich die Stammfunktion von $|f(x)-g(x)|$ auf dem Intervall $1{,}5\le x\le 6$ nicht als geschlossener Ausdruck darstellen lässt. Mithilfe eines numerischen Integrationsverfahrens ist die sehr gute näherungsweise Berechnung dieses Integrals mit dem Taschenrechner ziemlich einfach.

Im Beispiel berechnen die Schülerinnen und Schüler mithilfe der ∫-Taste das Integral:

$$A=\int_{1,5}^{6}\left|\left(\frac{2}{30}x^3-\frac{7}{30}x^2-\frac{29}{30}x+\frac{13}{3}\right)-\left(-\frac{8}{30}x^3+\frac{103}{30}x^2-\frac{409}{30}x+\frac{53}{3}\right)\right|dx=$$
$$=\int_{1,5}^{6}\left|\frac{x^3-11x^2+38x-40}{3}\right|dx\approx 2{,}3802$$

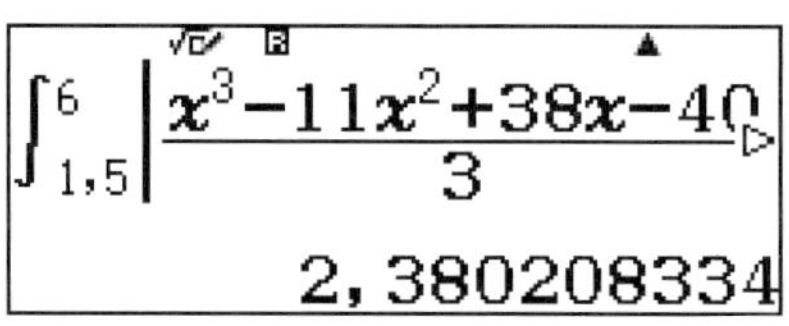

Fazit:

Darf ein Taschenrechner benutzt werden, der numerische Integration erlaubt, so ist es nicht erforderlich, die Schnittstellen der Graphen der Funktionen f und g zu ermitteln, um die Fläche zwischen den Graphen der Funktionen f und g über einem Intervall $a \leq x \leq b$ zu berechnen. Der Ansatz

$$A = \int_a^b |f(x) - g(x)|\, dx$$

liefert den gesuchten Flächeninhalt sofort.

Beispiel 4:

Die Funktion φ, deren Graph als Gauß'sche Glockenkurve bezeichnet wird, hat die Gleichung

$$\varphi(x) = \frac{1}{\sqrt{2\pi}} e^{-\frac{1}{2}x^2}, \quad x \in \mathbb{R}.$$

Mithilfe eines Verfahrens der numerischen Integration ist das Integral

$$\int_{-1{,}5}^{1{,}5} \varphi(x)\, dx$$

näherungsweise zu berechnen.

Hier erfolgt die näherungsweise Berechnung mithilfe der Sehnentrapezformel

$$\int_a^b f(x)dx \approx \frac{b-a}{n}\left(\frac{f(a)+f(b)}{2} + \sum_{x=1}^{n-1} f\left(a + \frac{b-a}{n}x\right)\right).$$

Die Werte für a, b und n werden in dieser Reihenfolge in die Speicher A, B bzw. C gelegt.

Die Eingabe der Formel erfolgt in der Form

$$\frac{B-A}{C}\left(\frac{1}{\sqrt{2\pi}}\left(0{,}5\left(e^{-0{,}5A^2} + e^{-0{,}5B^2}\right) + \sum_{x=1}^{C-1} e^{-0{,}5\left(A+\frac{B-A}{C}x\right)^2}\right)\right).$$

Für $A = -1{,}5$, $B = 1{,}5$ und $\mathrm{C} = 8$ ergibt sich $\approx 0{,}8618$. Zum Vergleich wird mittels der Integraltaste ein genauerer Wert des Integrals berechnet.

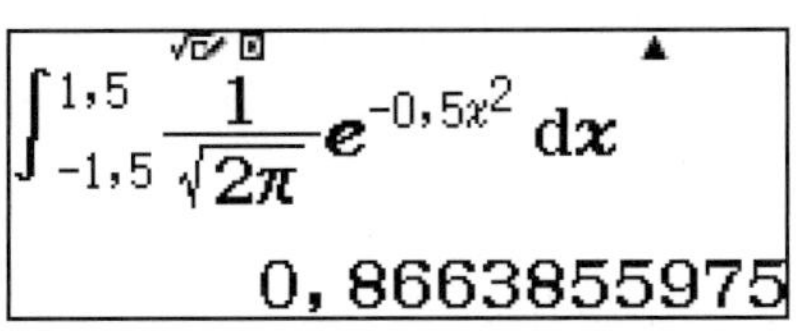

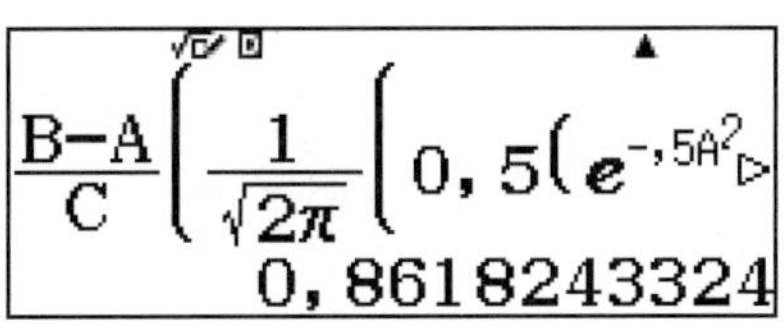

Regressionen als Modellierungswerkzeug

Gerhard Glas, Frankfurt

Ein bekanntes Möbelhaus bietet günstig Sektgläser an. Anders als bei deutlich teureren Gläsern verengt sich ihre Form im oberen Bereich nicht und der 0,1-Liter-Eichstrich fehlt leider auch. Um seine Lage mit mathematischen Hilfsmitteln zu bestimmen, muss zuerst eine Funktion gefunden werden, die die Form des Sektglases gut beschreibt. Über die Volumenbestimmung des entsprechenden Rotationskörpers kann dann die Lage der Markierung für 100 ml gefunden werden.

Ermitteln Sie eine Funktion, deren Graph die Form des gegebenen Sektglases besonders gut beschreibt.

Berechnen Sie damit das Volumen des Sektglases.

Bestimmen Sie die Lage des Eichstrichs für 0,1 Liter.

Lösung:

Um die Werte des Innendurchmessers in verschiedenen Höhen zu ermitteln, gibt es mehrere geeignete Methoden. Hier wurde das Ausgießen des Glases mit flüssigem Wachs gewählt. Da sich Wachs beim Abkühlen viel stärker zusammenzieht als das umgebende Glas, kann das Sektglas mit dem schon festen Wachs in die Kühltruhe gestellt werden. Schon nach kurzer Zeit kann der Wachskörper leicht aus dem Sektglas entnommen werden. Die gesuchten Innendurchmesser können dann in Abhängigkeit von der Höhe mit einer Schieblehre einfach bestimmt werden:

Durchmesser	0	18	26	34	40	46	50	54	56
Höhe	0	10	16,5	24,5	36,7	54,7	66	84	100

[Alle Maße in mm.]

Zuerst ist eine Entscheidung über die Lage des Koordinatensystems und den vermuteten Funktionstyp zu treffen; beides kann später noch abgeändert werden.

1 Versuch: Der Scheitelpunkt der vermuteten nach oben offenen Parabel liege im Ursprung. Dann werden die halben Durchmesserwerte als x-Werte und die zugehörigen Höhen als y-Werte eingegeben.

2 [MENU] [6] [3] Die Eingabe der Radien (x-Werte) und der Höhen (y-Werte) führt zu:

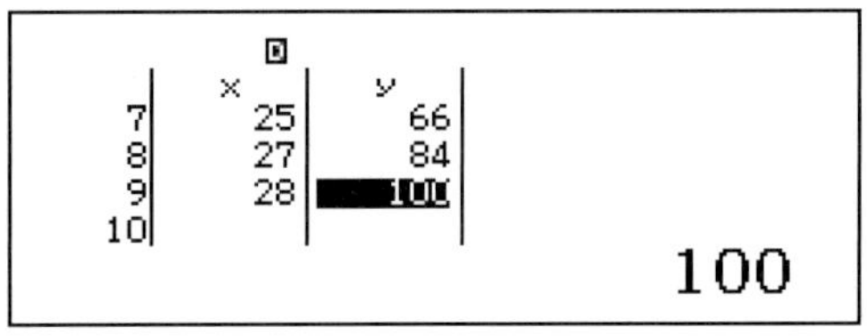

3 Die Tastenfolge [OPTN] [4] führt zum Ergebnis der Regression:

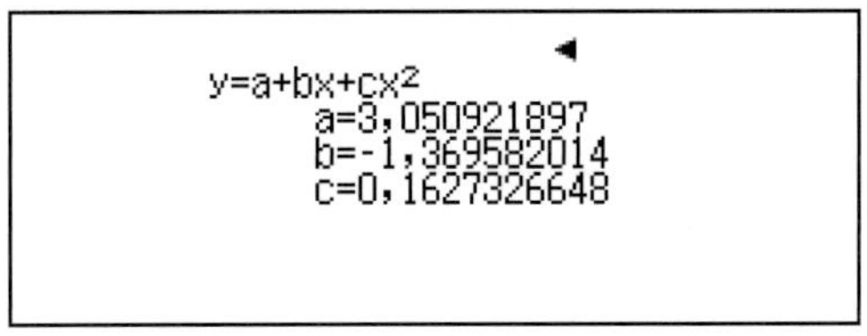

Werden die Funktionswerte dieser Regressionsparabel mit den gemessenen Werten verglichen, dann werden sehr starke Abweichungen deutlich. Die gefundene Parabel ist daher keine geeignete Lösung.

Eine Alternative wäre eine Exponentialfunktion der Form $f(x) = a \cdot e^{bx}$. Da der Graph dieser Funktion ganz sicher nicht durch den Ursprung des Koordinatensystems geht, wird das Koordinatensystem für diese Regression um eine Einheit nach unten verschoben; zu allen y-Werten muss 1 addiert werden.

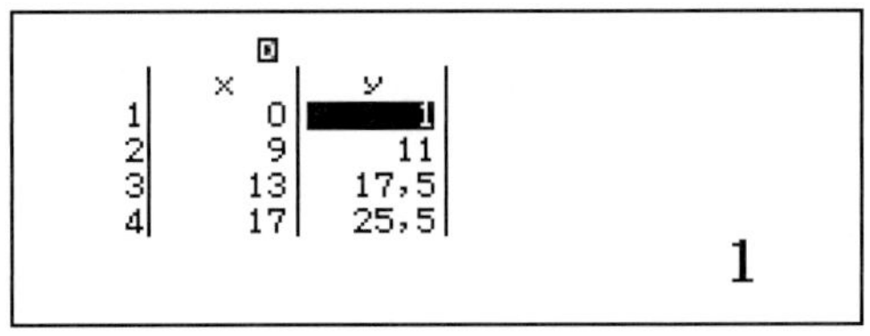

[OPTN] [1] [▼] [1] führt wieder zur Tabelle, in der die y-Werte jetzt um 1 vergrößert werden.

Die Eingabe von [OPTN] [4] liefert das Ergebnis der Regression:

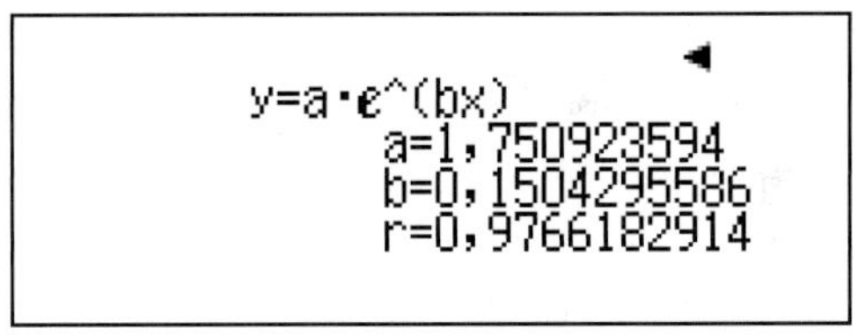

$f(x) = 1{,}751 \cdot e^{0{,}15043x}$

Der Regressionskoeffizient r ist ein Maß für die Güte der Regression; je näher er bei 1 liegt, desto besser trifft die Regression die eingegebenen Messwerte. Da hier r = 0,9766 ist, kann die gefundene Regression als ziemlich gut angesehen werden. Ein Vergleich der Messwerte mit den Funktionswerten zeigt eine recht gute Übereinstimmung.

Für die Bestimmung des Volumens durch Rotation um die x-Achse wird die Umkehrfunktion benötigt. Dazu werden die zuletzt benutzten Werte in der jeweils anderen Spalte der Wertetabelle eingetragen.

Mit [OPTN] [1] [▼] [1] wird jetzt die Umkehrfunktion

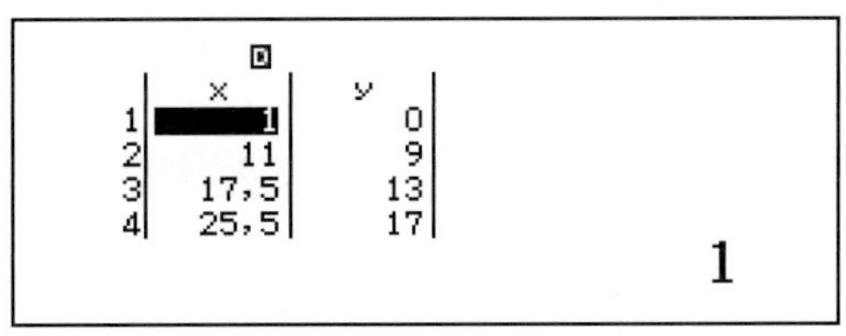

$f(x) = a + b \cdot \ln(x)$ gewählt.

Die Ausführung der Regression wird mit [OPTN] [3] gestartet. Das Ergebnis ist wenig überraschend: Der Wert für r ist mit dem bei der exponentiellen Regression identisch.

```
y=a+b·ln(x)
a=-2,719631423
b=6,340398098
r=0,9766182914
```

Zur Vereinfachung der weiteren Berechnungen sollten die Werte für a und b unter A und B gespeichert werden.

[MENU] [1] [−] [2] [·] [7] ... [3] [STO] [(−)]
[6] [·] [3] ... [8] [STO] [°'"]

Zur Kontrolle: [SHIFT] [RCL] und mit [AC] wieder zurück (es werden nicht alle Dezimalstellen angezeigt).

```
A=-2,7196314    B=6,34039809
C=0             D=0
E=0             F=0
M=0             x=15
y=0
```

Das Fassungsvermögen des ganzen Sektglases kann mit dem entsprechenden Integral zur Berechnung des Volumens rotationssymmetrischer Körper bestimmt werden, die Integrationsgrenzen sind 1 und 131:

[MENU] [1] [SHIFT] [x10^x] [∫▭] [(] [SHIFT] [STO] [(−)]

[+] [SHIFT] [STO] [°'"] [×] [ln] [x] [)] [)] [x²]

[▶] [1] [▲] [1] [3] [1] [=] [◀]

$$\pi\int_1^{131}(A+B\times\ln(x))^2 d\triangleright$$

212654,8441

Das Ergebnis kann durch Wiegen der Wassermenge kontrolliert werden, die das Sektglas fassen kann. Der so ermittelte Wert von 220 ml weicht nur um 7,5 ml vom berechneten ab, das sind ca. 3,5 %. Für eine so einfache Modellierung ein gutes Ergebnis.

Um die Lage des 0,1-Liter-Eichstrichs zu bestimmen, muss die Obergrenze F (Füllgrenze) des Volumenintegrals so bestimmt werden, dass das Integral den Wert 100 000 annimmt. Durch eine variable obere Grenze dieses Integrals ist es möglich, einen Wert durch geschicktes Ausprobieren immer besser einzugrenzen:

$$\pi\int_1^{y}(A+B\times\ln(x))^2 dx$$

y =81

$$\pi\int_1^{y}(A+B\times\ln(x))^2 dx$$

100803,9088

Der gesuchte Wert wird nach diesem Ergebnis knapp unter 81 mm liegen. Dieses Vorgehen ist sehr zeitaufwändig und daher sicherlich nur für eine erste Einschätzung geeignet. Möglich wäre auch eine Wertetabelle mit 10er Teilung (s. Seite 21ff.).

Der Weg über eine algebraische Lösung durch Berechnen des Integrals und Auflösen der Gleichung nach F ist in diesem Fall nicht gangbar:

$$B^2 \cdot \mathrm{F} \cdot (\ln(\mathrm{F}))^2 - 2 \cdot \mathrm{B}^2 \cdot \ln(\mathrm{F}) \cdot \mathrm{F} + 2 \cdot \mathrm{A} \cdot \mathrm{B} \cdot \mathrm{F} \cdot \ln(\mathrm{F}) + \mathrm{A}^2 \cdot \mathrm{F} + 2 \cdot \mathrm{B}^2 \cdot \mathrm{F} - 2 \cdot \mathrm{A} \cdot \mathrm{B} \cdot \mathrm{F} - \mathrm{A}^2 - 2\mathrm{B}^2 + 2 \cdot \mathrm{A} \cdot \mathrm{B} = 100000 : \pi$$

Die Integralgleichung $100000 = \pi \int_1^F (A + B \cdot \ln(x))^2 dx$

kann jedoch der FX-991DE X mit dem [SHIFT] [CALC]-Befehl (= SOLVE) numerisch lösen.

Gestartet wird diese Berechnung mit der Eingabe der Gleichung:

[1] [0] [0] [0] [0] [0] [ALPHA] [CALC] [SHIFT] [x10^x] [∫] [(] [ALPHA] [(−)] [+] [ALPHA] [°'''] [ln] [x] [)] [)] [x²] [▶] [1] [▲] [ALPHA] [tan]

Das Lösen der Gleichung mit dem Startwert F = 81 wird veranlasst durch:

[SHIFT] [CALC] [▼] [▼] [▼] [8] [1] [=] [=]

Die Berechnung dauert trotz des schon sehr guten Startwertes für F von 81 etwa eine Minute. Das Ergebnis:

```
100000=π∫_1^F (A+Bln(▷
F=          81,09596269
L-R=                  0
```

Danach müsste der Eichstrich in der Höhe 81,1 mm angebracht werden. Das Nachmessen der Füllhöhe bei 100 ml Flüssigkeit im Sektglas ergab 78 mm, das sind weniger als 4% Abweichung vom errechneten Wert - für die doch recht einfache Modellierung ein gutes Ergebnis.

Eine ähnliche (aber einfachere) Modellierung ist mit einem Weizenbierglas gut möglich. Dazu wird das Glas mit einer dunklen Flüssigkeit gefüllt und der Umriss an eine Wand projiziert. Die Modellierung mit einer Funktion dritten Grades liefert schon sehr gute Ergebnisse.

Binomialverteilung

Dr. Wolfgang Ludwicki, Tangermünde

Bei der Behandlung von binomialverteilten Zufallsgrößen ist die Erörterung von folgenden Aufgabenstellungen typisch:

Von allen neu zugelassenen PKW sind im langjährigen Mittel etwa 27% rot lackiert.

1 Berechnen Sie die Wahrscheinlichkeit dafür, dass von den 100 PKW, die auf einem Parkplatz stehen, genau 30 rot sind.

2 Berechnen Sie die Wahrscheinlichkeit, dass von diesen Autos 35 bis 60 rot sind.

3 Berechnen Sie, wie viele PKW mindestens betrachtet werden müssen, damit mit mindestens 95% Wahrscheinlichkeit mindestens ein rotes Auto dabei ist.

4 Ermitteln Sie, wie viele PKW mindestens betrachtet werden müssen, damit mit mindestens 90% Wahrscheinlichkeit mindestens zwei rote PKW dabei sind.

Lösung der Aufgaben 1 bis 3:

Die Lösungen der Aufgaben 1 bis 3 lassen sich geschlossen darstellen, wenn eine binomialverteilte Zufallsgröße mit den Parametern n und p vorausgesetzt wird.

1 $P(X=k)=\binom{n}{k}p^k(1-p)^{n-k}$

2 $P(k \le X \le m)=\sum_{x=k}^{m}\binom{n}{x}p^x(1-p)^{n-x}$

3 $n \ge \log_{1-p}(1-a)$

Bei der Verwendung des FX-991DE X können die angegebenen Terme in der vorliegenden Form in den Taschenrechner eingegeben werden. Besonders bei den Aufgaben vom Typ 2 wird durch den ständigen Gebrauch der Summenformel das Grundverständnis für die Berechnung von Intervallwahrscheinlichkeiten gefestigt, und die Zweckmäßigkeit der Schreibweise mit dem Σ-Symbol wird deutlich.

Die Formeln 1 und 2 sind nur dann nützlich, wenn die Binomialkoeffizienten vom FX-991DE X berechnet werden können. So wird zum Beispiel $\binom{200}{50}$ nicht berechnet.

In diesen Fällen wird auf eine Approximation der Binomialverteilung durch eine Normalverteilung zurückgegriffen. Die Näherungsformeln von Laplace und Moivre bilden dann den Schlüssel zur Lösung.

Zur Lösung von Aufgaben des Typs 1 kann diese Näherungsformel gut verwendet werden:

Wenn die binomialverteilte Zufallsgröße X die Laplace-Bedingung

$\sigma = \sqrt{n \cdot p \cdot (1-p)} > 3$ erfüllt, dann gilt $P(X=k) \approx \frac{1}{\sigma \cdot \sqrt{2\pi}} e^{-\frac{1}{2}z^2} = \frac{1}{\sigma} \cdot \varphi(z)$ mit $z = \frac{k-\mu}{\sigma}$.

Dabei sind $\mu = n \cdot p$ der Erwartungswert und σ die Standardabweichung von X.

Die Berechnung kann auf dem FX-991DE X unter Verwendung von Speicherplätzen übersichtlich organisiert werden. Wenn der Speicher **A** mit dem Wert für $\sigma = \sqrt{n \cdot p \cdot (1-p)}$ belegt wird und im Speicher **B** der Wert $k - n \cdot p$ gespeichert ist,

dann wird $P(X=k)$ als $\frac{1}{A} \cdot \frac{1}{\sqrt{2\pi}} e^{-0,5\left(\frac{B}{A}\right)^2}$ übersichtlich und bequem berechnet.

Zur Bestimmung von Intervallwahrscheinlichkeiten (Aufgabentyp 2) gibt es im Modus „6: Statistik" des FX-991DE X die Funktion $\Phi(x) = \frac{1}{\sqrt{2\pi}} \int_{-\infty}^{x} e^{-\frac{1}{2}t^2} dt$.

Diese Funktion wird mit der Tastenfolge [MENU] [6] [AC] [OPTN] [▼] [4] [1] aufgerufen.

Bei Verwendung dieser Funktion lässt sich die gesuchte Wahrscheinlichkeit aufgrund der globalen Näherungsformel von Laplace und Moivre so berechnen:

$$P(35 \le X \le 60) = P(X \le 60) - P(X \le 34) \approx \Phi\left(\frac{60 - 100 \cdot 0,27 + 0,5}{\sqrt{100 \cdot 0,27 \cdot (1-0,27)}}\right) - \Phi\left(\frac{34 - 100 \cdot 0,27 + 0,5}{\sqrt{100 \cdot 0,27 \cdot (1-0,27)}}\right)$$

Folgende Eingaben führen zur Berechnung dieses Ausdrucks, wenn sich der FX-991DE X im Modus „1: Berechnungen" befindet.

Die Standardabweichung $\sqrt{100 \cdot 0,27 \cdot (1-0,27)}$ wird zuerst in den Speicher **A** gelegt:

[√■] [1] [0] [0] [×] [0] [,] [2] [7] [×] [(] [1] [−] [0] [,] [2] [7] [)] [=] [STO] [(−)]

Aufrufen der Normalverteilung: [MENU] [6] [AC] [OPTN] [▼] [4] [1]

Eingabe der Werte in der ersten Klammer:

[(] [6] [0] [−] [1] [0] [0] [×] [0] [,] [2] [7] [+] [0] [,] [5] [)] [÷] [ALPHA] [(−)] [)]

Eingabe der Werte in der zweiten Klammer:

[−] [OPTN] [▼] [4] [1] [(] [3] [4] [−] [1] [0] [0] [×] [0] [,] [2] [7]

[+] [0] [,] [5] [)] [÷] [ALPHA] [(−)] [)] [=]

```
P((60-100×0,27+0,
5)÷A)-P((34-100×0
,27+0,5)÷A)
                 0,04558
```

Die gesuchte Intervallwahrscheinlichkeit beträgt nach dieser Rechnung rund 4,6 %.

Es ist aber auch möglich, den Schülerinnen und Schülern zu demonstrieren, dass die Funktionswerte der Φ-Funktion tatsächlich über das Integral $\frac{1}{\sqrt{2\pi}}\int_{-\infty}^{x} e^{-\frac{1}{2}t^2}\,dt$ ermittelt werden. Dazu kann man mithilfe der [∫▭]-Taste dieses Integral näherungsweise berechnen, wobei für die untere Integrationsgrenze etwa –100 eingesetzt werden kann.

Aufgaben des Typs 1 oder 2 zur Binomialverteilung lassen sich mit dem FX-991DE X bequem im Modus „7: Verteilungsfkt." berechnen, indem die Menüpunkte „Binomial-Dichte" bzw. „kumulierte Binomialverteilung" verwendet werden.

Die Lösung der Aufgabe 2 sieht dann so aus:

```
1:Kumul. Binom.-V
2:Poisson-Dichte
3:Kumul.Poisson-V
```

```
Kumul. Binom.-V
 k     :34
 n     :100
 p     :0,27
```

```
P=

           0,9517763664
```

[MENU] [7] [▼] [1] [2] [6] [0] [=] [1] [0] [0] [=] [0] [,] [2] [7] [=] [=] [STO] [(–)]
Die Wahrscheinlichkeit wurde in **A** gespeichert.

[=] [3] [4] [=] [=] [STO] [°'''] Die Wahrscheinlichkeit ist in **B** gespeichert.

[MENU] [1] [ALPHA] [(–)] [–] [ALPHA] [°'''] [=] (**A** - **B**) wird berechnet.

Es ergibt sich eine Wahrscheinlichkeit von ca. 4,8 %, ein gegenüber dem Resultat mit der Approximationsformel etwas genaueres Ergebnis.

```
A-B

          0,04822363364
```

Die Aufgabe mit den drei „mindestens"-Angaben (3) ist in den Schulbüchern meistens so formuliert, dass mindestens ein Treffer erzielt werden soll.

Lösung der Aufgabe 4:

Wenn nach mindestens k Treffern mit $k \geq 2$ gefragt wird, dann ergeben sich Gleichungen, deren Lösungen nicht mehr in formelmäßig geschlossener Form angegeben werden können. Wird der FX-991DE X eingesetzt, können solche Aufgaben unter Verwendung der SOLVE-Taste gelöst werden.

Wenn mit X die Anzahl der roten Autos bezeichnet wird, dann ist X binomialverteilt mit $p = 0,27$. Es ist nun n so zu bestimmen, dass

$$P(X \geq 2) = \sum_{x=2}^{n} \binom{n}{x} \cdot 0,27^x \cdot 0,73^{n-x} \geq 0,9 \text{ gilt.}$$

Folgende Umformungen führen zu einer Ungleichung, die mithilfe des FX-991DE X gelöst werden kann:

$$\begin{aligned} -P(X \geq 2) &\leq -0,9 \\ 1 - P(X \geq 2) &\leq 0,1 \\ P(X \leq 1) &\leq 0,1 \\ P(X = 0) + P(X = 1) &\leq 0,1 \\ 0,73^n + n \cdot 0,27 \cdot 0,73^{n-1} &\leq 0,1 \end{aligned}$$

Durch Einsatz der SOLVE-Taste wird dies als Gleichung numerisch gelöst: Für $n \approx 12,88$ ist Gleichheit fast erreicht.

Da die Funktion $f(n) = 0,73^n + n \cdot 0,27 \cdot 0,73^{n-1}$ für $n > 1$ streng monoton fallend ist, heißt die Lösung $n \geq 13$.

Analog lässt sich nun auch die Aufgabe lösen, dass mit mindestens 90% Sicherheit mindestens drei rote Autos gesichtet werden sollen:

$$0,73^n + n \cdot 0,27 \cdot 0,73^{n-1} + \frac{n(n-1)}{2} \cdot 0,27^2 \cdot 0,73^{n-2} \leq 0,1$$

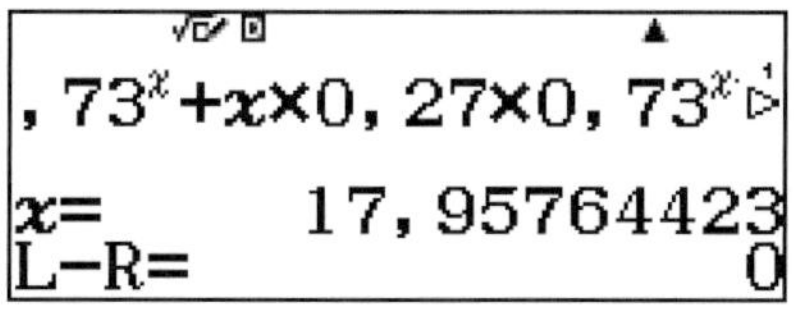

Es müssen also mindestens 18 Autos betrachtet werden.

Testen von Hypothesen

Dr. Wolfgang Ludwicki, Tangermünde

Nach den „Bildungsstandards im Fach Mathematik für die Allgemeine Hochschulreife (Beschluss der Kultusministerkonferenz vom 18.10.2012)“[2] können die Länder den Schwerpunkt bei den mathematischen Leitideen auf die Schätzung von Parametern (Alternative B1) oder auf die Testung von Hypothesen (Alternative B2) setzen. Entscheidet man sich für das Testen von Hypothesen, wird die Behandlung des Alternativtests und des einseitigen und zweiseitigen Signifikanztests erforderlich.

Bei der Durchführung der Hypothesentests sind zur Ermittlung der kritischen Zahlen bei gegebener Irrtumswahrscheinlichkeit α, das heißt bei der Bestimmung von Annahme- oder Ablehnungsbereichen, Ungleichungen zu lösen.

Bei diesen Tests werden häufig binomialverteilte Zufallsgrößen zugrunde gelegt.

Die Zufallsgröße X sei mit den Kenngrößen n und p binomialverteilt, also $P(X=k)=\binom{n}{k}\cdot p^k\cdot(1-p)^{n-k}$. Dafür wird auch $X \sim B_{n;p}$ geschrieben.

Nun wird die größte ganze Zahl k_1 oder die kleinste ganze Zahl k_2 derart gesucht, dass bei gegebenem α $(\alpha<1)$

$$P(X\le k_1)\le\alpha \text{ oder } P(k_2\le X)\le\alpha \text{ gilt.}$$

Steht für die Binomialverteilung mit den Kenngrößen n und p in einem Stochastiktafelwerk eine Tabelle mit den Werten für $B_{n;p}(\{0;1;\ldots;k\})=\sum_{i=0}^{k}\binom{n}{i}\cdot p^i\cdot(1-p)^{n-i}$ zur Verfügung, so können k_1 und k_2 mithilfe dieser Tabelle „von innen nach außen“ ermittelt werden. Zur Ermittlung von k_2 sind vorher noch Umformungen erforderlich:

$$P(k_2\le X)=1-P(k_2>X)=1-P(k_2>X)\le\alpha$$
$$P(X<k_2)\ge 1-\alpha$$

Wenn solch eine Tabelle nicht zur Verfügung steht, dann wird die binomialverteilte Zufallsgröße durch eine normalverteilte Zufallsgröße approximiert. Das geschieht auf der Grundlage der globalen Näherungsformel von Laplace und Moivre für Binomialverteilungen:

---

2 https://www.kmk.org/fileadmin/Dateien/veroeffentlichungen_beschluesse/2012/2012_10_18-Bildungsstandards-Mathe-Abi.pdf (gefunden am 4.4.2016), S. 15

Wenn

$\varphi(x) = \frac{1}{\sqrt{2\pi}} \cdot e^{-\frac{1}{2}x^2}$, $\Phi(x) = \int_{-\infty}^{x} \varphi(z)dz$, $X \sim B_{n;\,p}$, $\mu = n \cdot p$, $\sigma = \sqrt{n \cdot p \cdot (1-p)}$ und

$n \cdot p \cdot (1-p) > 9$ ist, dann gilt $P(X \leq k) = B_{n;p}\left(\{0;1;\ldots;k\}\right) \approx \Phi\left(\frac{k+0,5-\mu}{\sigma}\right)$.

Dieser Lösungsansatz wird nur dann erfolgreich sein, wenn die Ungleichung $\Phi\left(\frac{k+0,5-\mu}{\sigma}\right) \leq \alpha$ gelöst werden kann. Steht eine Tabelle mit Funktionswerten $\Phi(x)$ zur Verfügung, so wird mittels dieser Tabelle „von innen nach außen“ die Lösung der Ungleichung $\Phi(z) \leq \alpha$ ermittelt und dann die Ungleichung $\frac{k+0,5-\mu}{\sigma} < z$ gelöst.

Mithilfe des CASIO FX-991DE X können die Dichtefunktionswerte $\varphi(x)$, die Funktionswerte $\Phi(x)$ einer Normalverteilung und die Funktionswerte $\Phi^{-1}(x)$ der Umkehrfunktion einer Normalverteilung berechnet werden.

Diese Funktionen werden im Modus „7: Verteilungsfkt.“ aufgerufen:

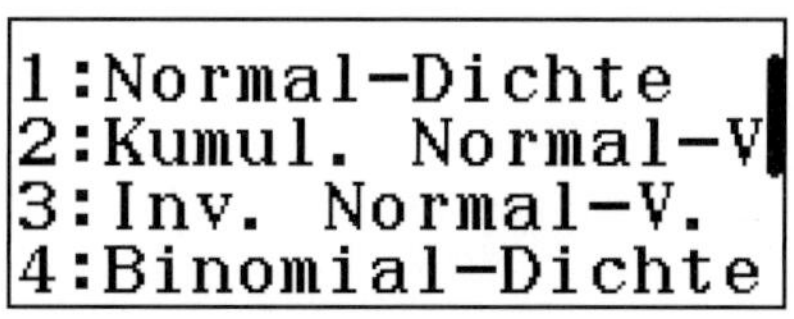

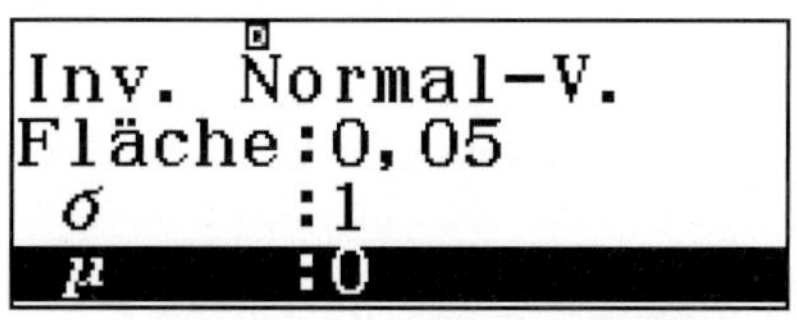

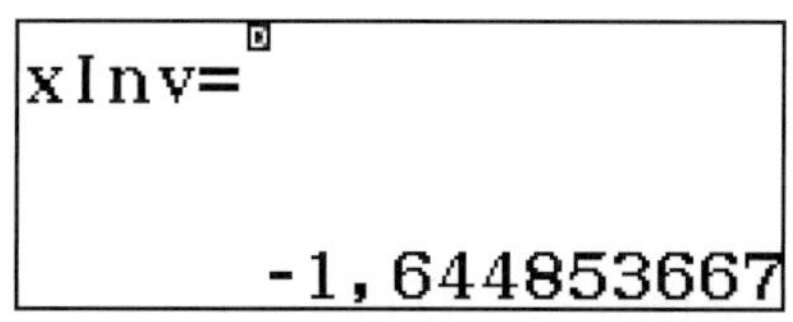

Mit [3] wird die Umkehrfunktion von Φ aufgerufen, dann wird der Wert von α als „Fläche“ (z. B. 0,05) eingegeben und mit [=] bestätigt, danach können noch die Parameter σ und μ für die Normalverteilung eingegeben werden. In unserem Falle bestätigen wir die Vorgaben $\sigma = 1$ und $\mu = 0$ mit [=]. Als $xInv = z_0$ wird die Lösung der Gleichung $\Phi(z_0) = \alpha$ angezeigt, die gespeichert werden sollte. Die Rechnung kann jetzt mit der Lösung der Gleichung $\frac{X+0,5-n \cdot p}{\sqrt{n \cdot p \cdot (1-p)}} = z_0$ im Modus „1: Berechnungen“ mittels **SOLVE** auf dem FX-991DE X fortgesetzt werden.

Der Lösungsweg über die Approximation wird dadurch vereinfacht und unabhängig vom Gebrauch einer Tabelle.

Da der CASIO FX-991DE X eine Auflistung der kumulierten Werte der Binomialverteilung $P(X \le k) = B_{n;p}\left(\{0;1;\ldots;k\}\right) = \sum_{i=0}^{k} \binom{n}{i} \cdot p^i \cdot (1-p)^{n-i}$ für beliebige Werte von n, p und k erlaubt, können die Lösungen der Ungleichungen

$$P(X \le k_1) \le \alpha \text{ oder } P(k_2 \le X) \le \alpha$$

stets mittels Probieren gefunden werden. Das soll an zwei Beispielen demonstriert werden.

Beispiel 1:

Es sei $X \sim B_{237;0,07}$. Ermittle die größte ganze Zahl k_1, für die

$$P(X \le k_1) \le 0,37 \text{ gilt.}$$

Die Tastenfolge [MENU] [7] [▼] [1] [1] ermöglicht die Erzeugung einer Tabelle mit den Werten für $P(X \le k) = B_{n;p}\left(\{0;1;\ldots;k\}\right)$. Das ermöglicht einen ersten Überblick.

Eingabe der Werte für k: [1] [0] [=] [2] [0] [=] [3] [0] [=] [4] [0] [=] [5] [0] [=]

Eingabe der Parameter: [▲] [=] [2] [3] [7] [=] [,] [0] [7] [=] [=]

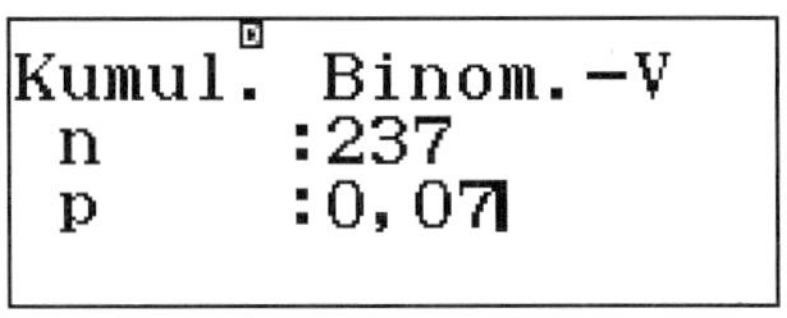

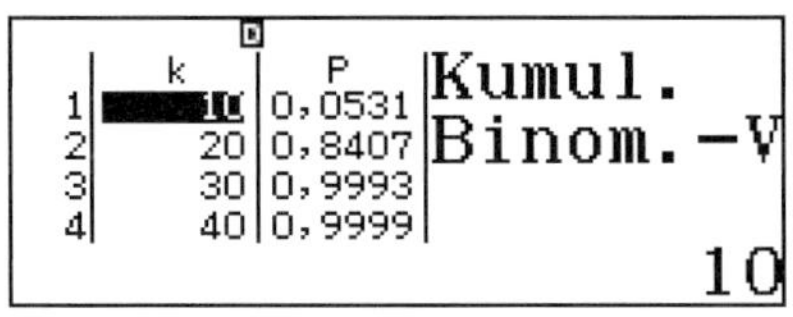

Da $P(X \le 10) = 0,0531$ und $P(X \le 20) = 0,8408$ beträgt, liegt die gesuchte Zahl k_1 zwischen 10 und 20.
Schrittweite 1:

[1] [1] [=] [1] [2] [=] ... [1] [8] [=] [1] [9] [=] [▲] [=] [=] [▼] [▼] [▼] [▼]

Dies führt zu:

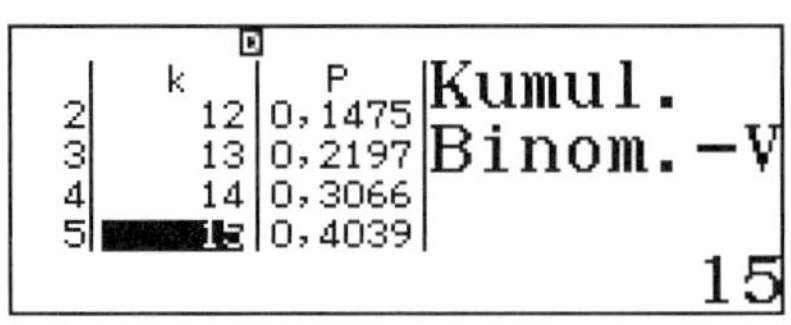

Jetzt ist zu sehen, dass 14 die größte ganze Zahl k_1 ist, für die

$$P(X \le k_1) = B_{237;0,07}\left(\{0;1;\ldots;k_1\}\right) \le 0,37 \text{ gilt.}$$

Beispiel 2:

Es sei $X \sim B_{153;0,42}$. Ermittle die kleinste ganze Zahl k_2, für die

$$P(X \geq k_2) \leq 0,23 \text{ gilt.}$$

Die Umformungen

$$P(X \geq k_2) = 1 - P(X < k_2) \leq 0,23$$
$$P(X < k_2) \geq 0,77$$

führen auf eine Ungleichung von der gleichen Art, wie sie im letzten Beispiel betrachtet wurde. Deswegen wird zuerst wieder eine Überblickstabelle für $k = 30, 40, \ldots, 100$ erzeugt:

[MENU] [7] [▼] [1] [1] [3] [0] [=] [4] [0] [=] …
[1] [0] [0] [=] [▲] [=] [1] [5] [3] [=] [0] [,] [4] [2] [=] [=] [▼] [▼] [▼] [▼] [▼]

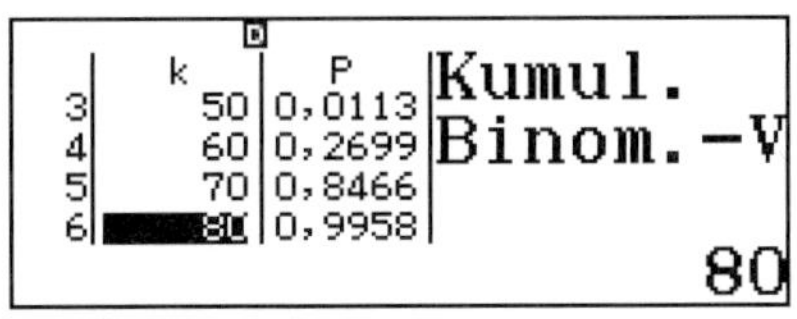

Die gesuchte Zahl k_2 muss danach zwischen 60 und 70 liegen.

Deswegen jetzt eine ähnliche Tabelle mit der Schrittweite 1:

[▲] [▲] [6] [1] [=] [6] [2] [=] …
[6] [9] [=] [▲] [=] [=] [▼] [▼] [▼] [▼] [▼] [▼] [▼] [▼] [▼] [▼] [▼]

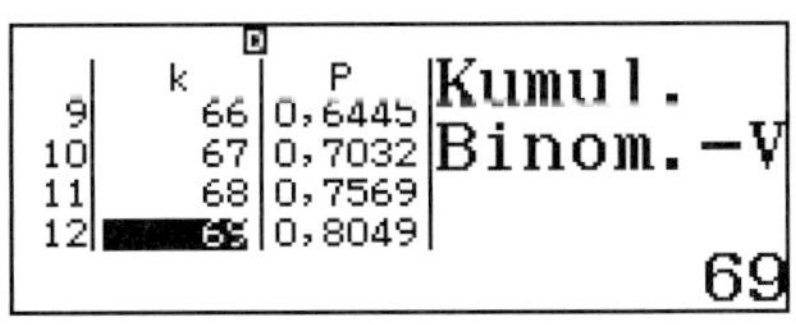

Daraus ergibt sich die Lösung der Aufgabe: $k_2 = 69$

Zur Übung:

Bei einem Bernoulli-Versuch wird ein zweiseitiger Signifikanztest mit dem Stichprobenumfang $n = 100$ durchgeführt. Ermitteln Sie den Ablehnungsbereich für die Nullhypothese $H_0: p = \frac{2}{3}$ auf dem Signifikanzniveau $\alpha = 1\%$.

Lösung:
Der Ablehnungsbereich hat die Form $[0; k_1] \cup [k_2; 50]$. Unter der Annahme $X \sim B_{100;\frac{2}{3}}$ sind k_1 und k_2 so zu ermitteln, dass $P(X \leq k_1) \leq 0,005$ und $P(X \leq k_2 - 1) \geq 0,995$.
Mithilfe der kumulierten Binomialverteilung als Liste wird $k_1 = 53$ und $k_2 = 79$ ermittelt.

Das Geburtstagsparadoxon

Dr. Wolfgang Ludwicki, Tangermünde

Das Geburtstagsparadoxon[3], auch Zwillingsparadoxon genannt, besteht in der Antwort auf die Frage:

Wie viele Menschen müssen sich mindestens in einem Raum befinden, wenn die Wahrscheinlichkeit dafür, dass mindestens zwei dieser Menschen am selben Tag Geburtstag haben, größer als 50% sein soll?

Zunächst wird die Frage beantwortet: Wie viele Menschen müssen sich mindestens in einem Raum befinden, wenn man sich zu 100% sicher sein kann, dass mindestens zwei dieser Menschen am selben Tag Geburtstag haben?

Werden die Antworten auf diese beiden Fragen verglichen, so erscheint das Paradoxon.

Befinden sich in dem Raum mindestens 367 Menschen, so müssen mindestens zwei von ihnen am selben Tag Geburtstag haben. Das ergibt sich mithilfe des Dirichlet'schen Schubfachschlusses (engl. pigeonhole principle, daher auch Taubenschlagprinzip) folgendermaßen: Angenommen, jeder der 367 Menschen hätte an einem anderen Tag Geburtstag, dann müsste ein Jahr mindestens 367 Tage haben. Aber selbst ein Schaltjahr hat nur 366 Tage. Deshalb müssen mindestens zwei der 367 Menschen am selben Tag Geburtstag haben. Anders argumentiert: Werden die 367 Menschen auf die 366 Tage eines Schaltjahres aufgeteilt, so kommen auf mindestens einen Tag zwei Menschen.

Weniger als 367 Menschen könnten so den Tagen eines Schaltjahres zugeordnet werden, dass keine zwei Menschen demselben Tag zugeteilt wären.

Somit ist 367 die kleinste Anzahl von Menschen, bei der hundertprozentig sicher ist, dass darunter mindestens zwei sind, die am selben Tag Geburtstag haben.

Aufgrund dieser Überlegung wäre die Antwort auf die erste Frage in der Nähe von 183 zu vermuten. Die richtige Antwort ist jedoch 23.

Um dieses Ergebnis zu erhalten, wird die Wahrscheinlichkeit q_n des Gegenereignisses ermittelt:

---

[3] Das Geburtstagsparadoxon wird ausführlich behandelt in:
Christian Hesse: Warum Mathematik glücklich macht, 151 verblüffende Geschichten. München 2010. S. 27 ff.

László Lovás, József Pelikán, Katalin Vesztergombi: Diskrete Mathematik. Berlin Heidelberg 2005. S. 48 ff.

Andreas Büchter, Hans-Wolfgang Henn: Elementare Stochastik, eine Einführung in die Mathematik der Daten und des Zufalls. Berlin Heidelberg 2007. S. 242 ff.

Wie groß ist die Wahrscheinlichkeit q_n, dass n Menschen alle an verschiedenen Tagen Geburtstag haben?

Die Wahrscheinlichkeit p_n, dass von n Menschen mindestens zwei am selben Tag Geburtstag haben, ergibt sich zu $p_n = 1 - q_n$.

Es wird vereinfachend angenommen, dass alle 366 möglichen Geburtstage gleich wahrscheinlich sind.

Es gilt:

$$q_n = \frac{\text{Anzahl der Kombinationen von } n \text{ Geburtstagen, so dass kein Geburtstag mehrfach auftritt}}{\text{Anzahl aller Kombinationen von } n \text{ Geburtstagen}}$$

Der Nenner ergibt sich als die Anzahl von Variationen mit Wiederholungen von 366 Elementen zur n-ten Klasse. Der Zähler ist die Anzahl von Variationen ohne Wiederholungen von 366 Elementen zur n-ten Klasse.

Damit folgt:

$$q_n = \frac{366 \cdot 365 \cdot \dots \cdot (366 - n + 1)}{366^n}$$

Also ist:

$$p_n = 1 - q_n = 1 - \frac{366 \cdot 365 \cdot \dots \cdot (366 - n + 1)}{366^n} = 1 - \frac{\prod_{x=0}^{n-1}(366 - x)}{366^n}$$

Für $n > 366$ ergibt sich offensichtlich $p_n = 1$. Das stimmt mit den obigen Überlegungen überein.

Mit dem *FX-991DE X* wird nun p_n für verschiedene Werte von n berechnet, indem die Π-Taste benutzt wird. Anstelle von n wird die Variable A verwandt. Folgende Eingabe bereitet die Berechnung vor:

[1] [−] [▭/▭] [ALPHA] [x] [3] [6] [6] [−] [x] [▶] [0] [▲] [ALPHA] [(−)] [−] [1] [▶] [▼] [3] [6] [6] [x■] [ALPHA] [(−)].

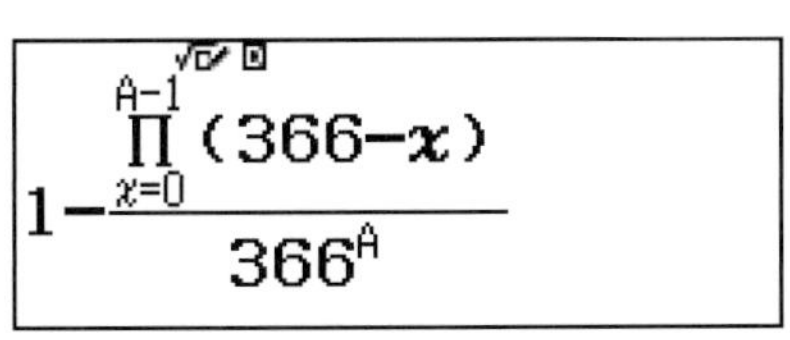

Die Berechnung selbst erfolgt mit:

[CALC] [▼] [2] [2] [=] [=], die Eingabe eines Wertes für X wird mit [▼] ignoriert und für A wird 22 eingegeben.

Damit ergibt sich $p_{22} = 0,47475$.

Die Rechnung mit dem Wert 23: [CALC] [▼] [2] [3] [=] [=]

Es ergibt sich: $p_{23} = 0,50632$

Daher beträgt die Mindestanzahl 23 Menschen, um mit einer Sicherheit von mehr als 50% sagen zu können, dass zwei von ihnen am selben Tag Geburtstag haben.

Ein Versuch, mit der angegebenen Tastenfolge p_n für $n > 39$ zu berechnen, führt zu:

Diese Meldung ergibt sich, weil die Potenz 366^{40} größer ist als 10^{100} und damit der Rechenbereich des FX-991DE X verlassen wird.

Durch folgende Umformungen kann p_n auch für $n > 39$ mit dem *FX-991DE X* berechnet werden:

$$p_n = 1 - \frac{\prod_{x=0}^{n-1}(366-x)}{366^n} = 1 - \prod_{x=0}^{n-1}\frac{366-x}{366} = 1 - \prod_{x=1}^{n-1}\frac{366-x}{366} = 1 - \prod_{x=1}^{n-1}\left(1 - \frac{x}{366}\right)$$

Daher beträgt die Wahrscheinlichkeit, dass von 60 Menschen mindestens zwei am selben Tag Geburtstag haben, 99,4%.

Die Entwicklung der Wahrscheinlichkeit p_n wird deutlich, wenn im Modus „9: Tabellen" die Wahrscheinlichkeit p_n für $n = 10, 20, 30, \cdots, 70$ berechnet wird. Die folgenden Bilder demonstrieren die Eingabe und das Ergebnis:

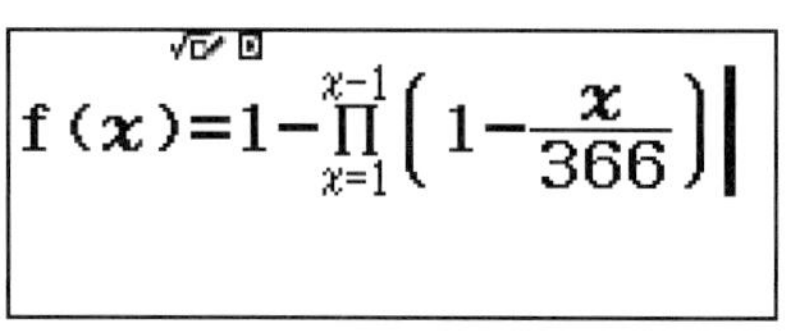

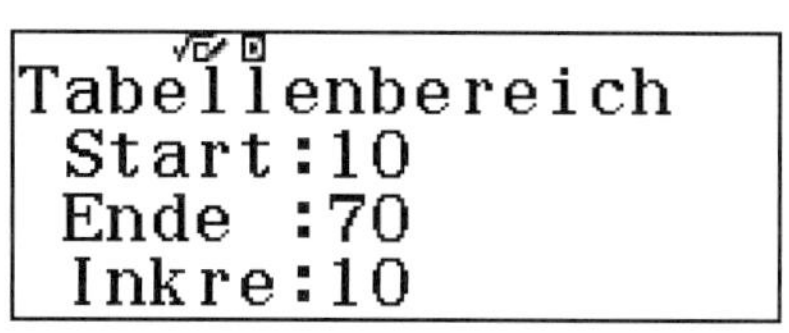

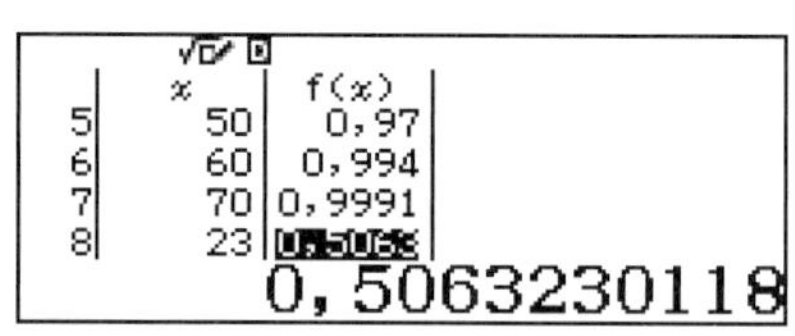

n	10	20	23	30	40	50	60	70
p_n	0,12	0,41	0,51	0,71	0,89	0,97	0,99	1,00

Es ist günstig, dass die im FX-991DE X angezeigte Tabelle editiert werden kann. So wird nachträglich auch der Wert p_{23} berechnet und eingefügt.

Matrizenrechnung am Beispiel der Markow-Ketten

Thomas Wilhelm Schwarzer, Friedberg (Hessen)

Der Einsatz des FX-991DE X im Bereich der Matrizenrechnung ermöglicht es, auch Markow-Ketten und andere Gebiete der praktischen Stochastik zu behandeln.

Die 30 Millionen Einwohner eines Landes leben zu gleichen Teilen in Großstädten, Kleinstädten und auf dem Lande. In einem Zeitraum von 5 Jahren werden 20% der Großstädter in kleinere Städte und sogar 10% auf das Land ziehen. Von den Kleinstädtern ziehen 60% nicht um, 30% wollen jedoch in eine größere Stadt ziehen. Von der Landbevölkerung bleiben lediglich 40% auf dem Land, die anderen ziehen zu gleichen Teilen in Klein- und Großstädte.

Wie wird die Entwicklung in den nächsten 10 bis 40 Jahren verlaufen?

Kann von einer Landflucht gesprochen werden?

Wie sah die Verteilung der Bevölkerung vor 5 Jahren aus?

Wird sich irgendwann ein stationärer Zustand einstellen?

Die Einwohnerbewegung wird durch den abgebildeten Übergangsgraphen veranschaulicht:

Zuerst werden die 3×3-Übergangsmatrix und der Startvektor aufgestellt:

$$\begin{array}{c} \\ G' \\ K' \\ L' \end{array} \begin{array}{c} \begin{array}{ccc} G & K & L \end{array} \\ \begin{pmatrix} 0,7 & 0,3 & 0,3 \\ 0,2 & 0,6 & 0,3 \\ 0,1 & 0,1 & 0,4 \end{pmatrix} \end{array} = M$$

und $\vec{v}_0 = \begin{pmatrix} 10 \\ 10 \\ 10 \end{pmatrix}$.

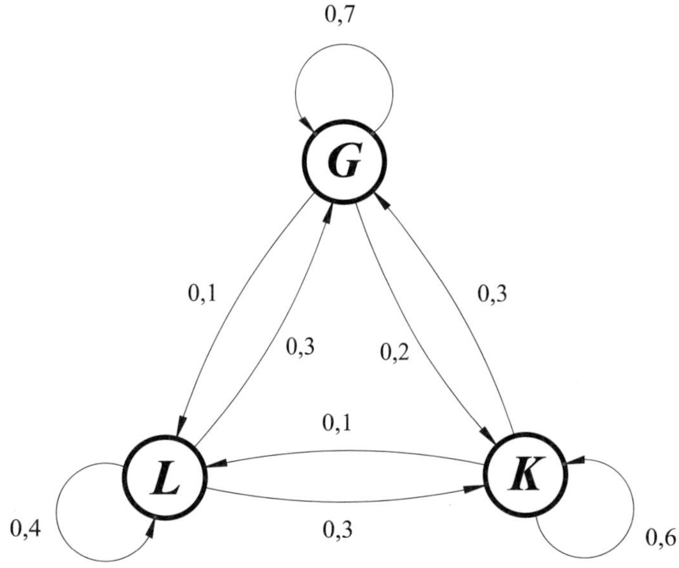

Dann wird der Modus „4: Matrizen“ durch [MENU] [4] aktiviert und die Übergangsmatrix mittels [1] [3] [3] als 3×3-Matrix eingegeben:

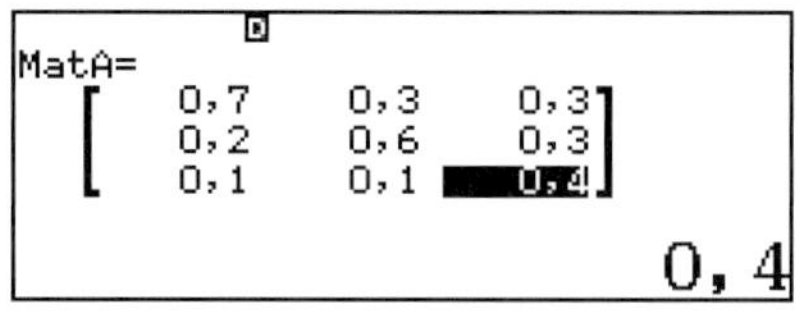

Mit [AC] wird das Display für die Eingabe des Startvektors gelöscht.
[OPTN] [1] [2] [3] [1] [1] [0] [=]
[1] [0] [=] [1] [0] [=]

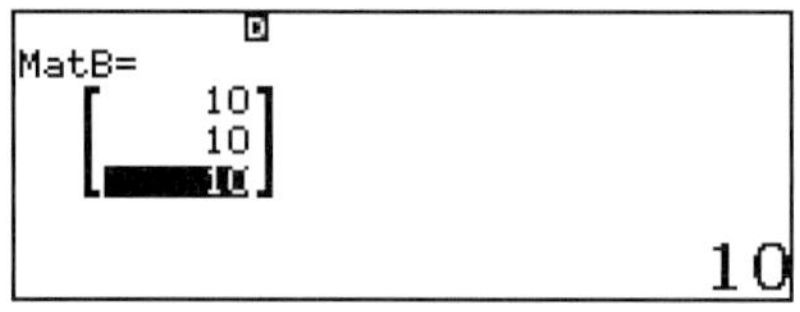

Da die Übergangsmatrix die Veränderungen nach 5 Jahren beschreibt, muss sie für die Entwicklung nach 10 Jahren in die zweite und nach 40 Jahren in die achte Potenz erhoben werden. Hierbei ist zu beachten, dass die [$x^{\blacksquare}$]-Taste im Matrix-Modus nicht verwendet werden kann; sämtliche Potenzen können nur durch [x^2] oder [SHIFT] [x^2] (x^3) berechnet werden.

$$\vec{v}_{10} = M^2 \cdot \vec{v}_0 = \begin{pmatrix} 14,2 \\ 11 \\ 4,8 \end{pmatrix}$$ mit [AC] [OPTN] [3] [OPTN] [3] [x^2] [×] [OPTN] [4].

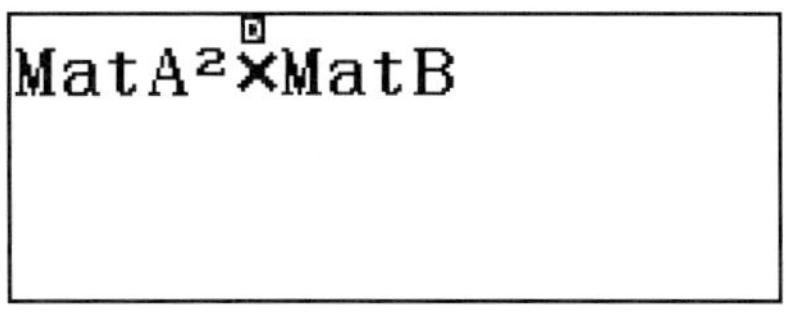

[=]

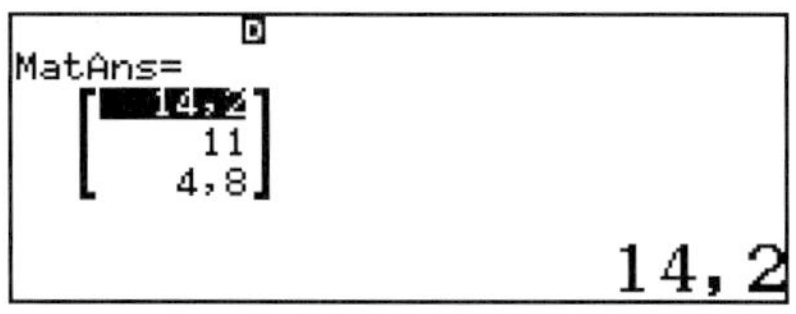

Und entsprechend mit [OPTN] [3] [x^2] [x^2] [x^2] [▶] [×] [OPTN] [4]:

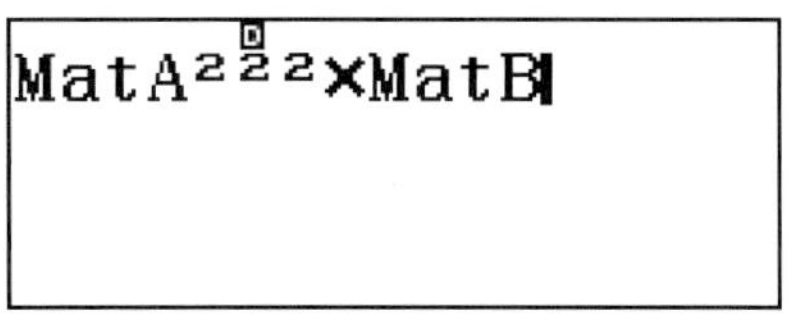

[=]

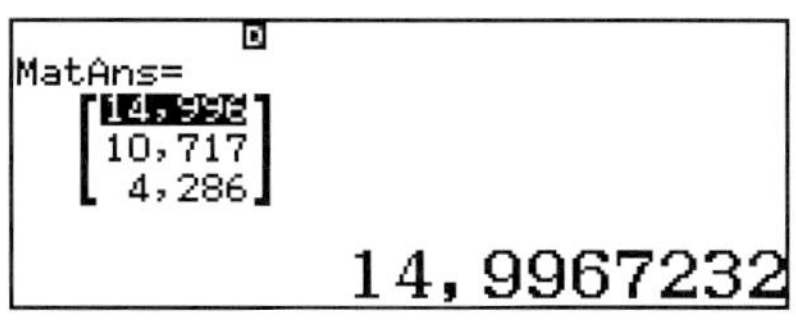

Es ist tatsächlich eine Landflucht zu beobachten.

Die Vergangenheit kann durch die inverse Matrix beschrieben werden:

$$\vec{v}_{-5} = M^{-1} \cdot \vec{v}_0 = \begin{pmatrix} 2,5 \\ 4,1\overline{6} \\ 23,\overline{3} \end{pmatrix}$$ mit [OPTN] [3] [x^{-1}] [×] [OPTN] [4].

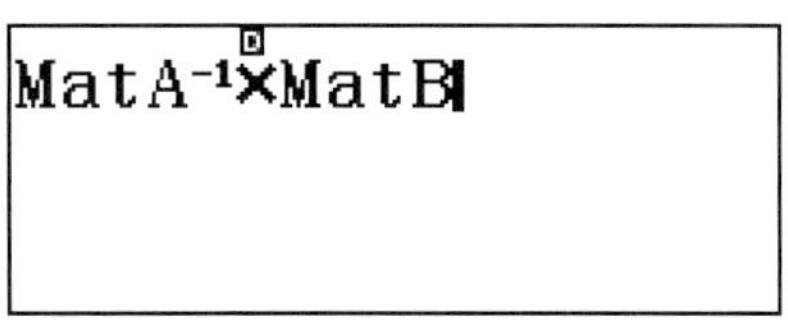

[=]

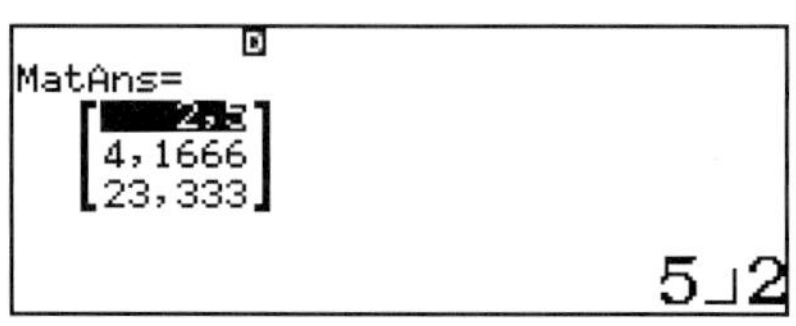

Das Vorliegen eines stationären Zustandes kann auf zwei Arten untersucht werden, entweder durch Berechnen sehr hoher Potenzen von M als Grenzmatrix, z. B. ist

$$M^{32} = \begin{pmatrix} 1/2 & 1/2 & 1/2 \\ 5/14 & 5/14 & 5/14 \\ 1/7 & 1/7 & 1/7 \end{pmatrix}$$

oder durch Lösen eines Gleichungssystems zur Bestimmung des Fixvektors:

$$M \cdot \begin{pmatrix} x \\ y \\ z \end{pmatrix} = \begin{pmatrix} x \\ y \\ z \end{pmatrix}$$

Das bedeutet:

$$\begin{aligned} 0,7x + 0,3y + 0,3z &= x \\ 0,2x + 0,6y + 0,3z &= y \\ 0,1x + 0,1y + 0,4z &= z \end{aligned} \qquad \text{oder} \qquad \begin{aligned} -0,3x + 0,3y + 0,3z &= 0 \\ 0,2x - 0,4y + 0,3z &= 0 \\ 0,1x + 0,1y - 0,6z &= 0. \end{aligned}$$

Da diese drei Gleichungen linear abhängig sind, kann eine davon ersetzt werden:

Entweder durch $x + y + z = 1$ (stationärer Zustand mit Wahrscheinlichkeiten) oder durch $x + y + z = 30$ (stationärer Zustand mit der Gesamtsumme 30 Millionen).

Wir erhalten dann im Modus „A: Gleichung/Funkt“ (MENU (−)):

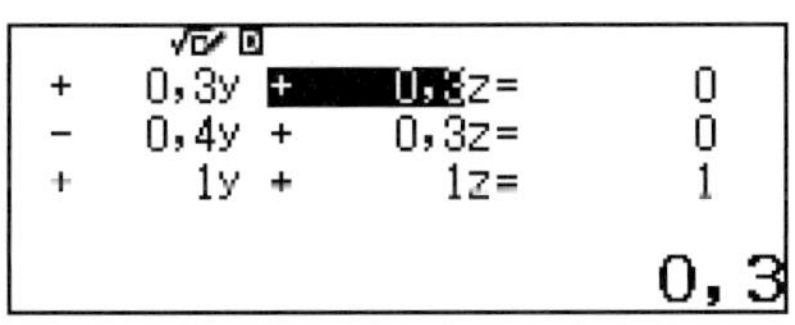

bzw.

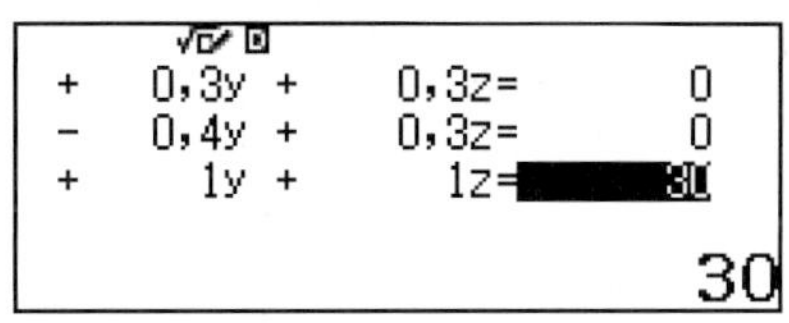

$$\begin{pmatrix} x \\ y \\ z \end{pmatrix} = \begin{pmatrix} 1/2 \\ 5/14 \\ 1/7 \end{pmatrix} \text{ bzw. } \begin{pmatrix} x \\ y \\ z \end{pmatrix} = \begin{pmatrix} 15 \\ 10,71 \\ 4,28 \end{pmatrix}.$$

Dies stellt den stationären Zustand dar.

Musteraufgaben zur analytischen Geometrie

Dr. Wolfgang Ludwicki, Tangermünde

1 Bestimmen Sie den Betrag des Vektors, zu dem der Pfeil mit dem Anfangspunkt $A(2/1/7)$ und dem Endpunkt $B(9/15/13)$ gehört.

2 Bestimmen Sie 3 Punkte der Geraden: $\vec{x} = \begin{pmatrix} 1 \\ 2 \\ 3 \end{pmatrix} + t \begin{pmatrix} 3 \\ 2 \\ 1 \end{pmatrix}$

3 Bestimmen Sie 3 Punkte der Ebene: $\vec{x} = \begin{pmatrix} 1 \\ 2 \\ 3 \end{pmatrix} + t \begin{pmatrix} 3 \\ 2 \\ 1 \end{pmatrix} + s \begin{pmatrix} 2 \\ 3 \\ 1 \end{pmatrix}$

4 Wandeln Sie die Gleichung der Ebene aus Aufgabe 3 in eine parameterfreie Koordinatengleichung der Form $ax + by + cz + d = 0$ um.

5 Geben Sie eine parameterfreie Koordinatengleichung in der Form $ax + by + cz + d = 0$ für die Ebene an, die die Punkte $P(2/-3/1)$, $Q(7/5/2)$ und $R(4/6/-5)$ enthält.

6 Geben Sie eine parameterfreie Koordinatengleichung in der Form $ax + by + cz + d = 0$ für die Ebene an, die die Punkte $P(0/7/3)$, $Q(-7/0/2)$ und $R(3/2/0)$ enthält.

7 Gegeben sind die Geraden g_1 und g_2 mit den Gleichungen:

$$g_1 : \vec{x} = \begin{pmatrix} 8 \\ 7 \\ 4 \end{pmatrix} + t \begin{pmatrix} 7 \\ 5 \\ 1 \end{pmatrix} \text{ bzw. } g_2 : \vec{x} = \begin{pmatrix} 11 \\ 8 \\ 7 \end{pmatrix} + t \begin{pmatrix} 5 \\ 3 \\ 2 \end{pmatrix}.$$

Berechnen Sie den Schnittpunkt der Geraden g_1 und g_2.

8 Bestimmen Sie den Schnittpunkt der Ebene $E: \vec{x} = \begin{pmatrix} 1 \\ 2 \\ 3 \end{pmatrix} + t\begin{pmatrix} 3 \\ 2 \\ 1 \end{pmatrix} + s\begin{pmatrix} 2 \\ 3 \\ 1 \end{pmatrix}$ mit der Geraden $g: \vec{x} = \begin{pmatrix} 8 \\ 7 \\ 4 \end{pmatrix} + t\begin{pmatrix} 7 \\ 5 \\ 1 \end{pmatrix}$.

9 Bestimmen Sie den Schnittpunkt der Ebene $E: 2x - 3y + 5z - 8 = 0$ mit der Geraden $g: \vec{x} = \begin{pmatrix} 1 \\ 2 \\ 3 \end{pmatrix} + t\begin{pmatrix} 7 \\ 5 \\ 1 \end{pmatrix}$.

10 Geben Sie eine Gleichung der Schnittgeraden der Ebenen E1 und E2 an:
$E_1: 2x - 3y + 5z - 6 = 0$ und $E_2: 4x + 7y - 2z + 3 = 0$.

11 Gegeben sind die Gleichungen zweier Ebenen in Parameterform:

$E_1: \vec{x} = \begin{pmatrix} 2 \\ 3 \\ 1 \end{pmatrix} + t\begin{pmatrix} 5 \\ 1 \\ 4 \end{pmatrix} + s\begin{pmatrix} 7 \\ -1 \\ 2 \end{pmatrix}$ und $E_2: \vec{x} = \begin{pmatrix} 1 \\ 3 \\ 2 \end{pmatrix} + t\begin{pmatrix} 3 \\ 4 \\ -1 \end{pmatrix} + s\begin{pmatrix} 5 \\ 3 \\ 1 \end{pmatrix}$.

Geben Sie eine Gleichung ihrer Schnittgeraden an.

12 Gegeben sind die Gleichungen zweier Ebenen: $E_1: 3x - 5y + 7z - 6 = 0$ und $E_2: \vec{x} = \begin{pmatrix} 5 \\ 1 \\ 3 \end{pmatrix} + t\begin{pmatrix} 4 \\ 2 \\ -3 \end{pmatrix} + s\begin{pmatrix} -2 \\ 1 \\ 3 \end{pmatrix}$. Geben Sie eine Gleichung ihrer Schnittgeraden an.

13 Bestimmen Sie die Größe des Schnittwinkels der Geraden g1 und g2:

$g_1: \vec{x} = \begin{pmatrix} 1 \\ 3 \\ 2 \end{pmatrix} + t\begin{pmatrix} 7 \\ -5 \\ 2 \end{pmatrix}$ und $g_2: \vec{x} = \begin{pmatrix} 1 \\ 3 \\ 2 \end{pmatrix} + t\begin{pmatrix} 3 \\ 4 \\ -1 \end{pmatrix}$.

14 Bestimmen Sie die Größe des Schnittwinkels der Ebenen E1 und E2:
$E_1: 2x-3y+5z-6=0$ und $E_2: 7x+y+4z+1=0$.

15 Von einer Ebene und einer Geraden sind die Gleichungen gegeben:

$$E: \vec{x}=\begin{pmatrix}-1\\3\\2\end{pmatrix}+t\begin{pmatrix}7\\-5\\1\end{pmatrix}+s\begin{pmatrix}2\\3\\-4\end{pmatrix} \text{ und } g: \vec{x}=\begin{pmatrix}1\\0\\0\end{pmatrix}+\lambda\begin{pmatrix}3\\7\\5\end{pmatrix}.$$

Bestimmen Sie die Größe des Schnittwinkels.

16 Bestimmen Sie den Abstand der Punkte $P(5/3/7)$ und $Q(4/2/1)$ voneinander.

17 Bestimmen Sie den Abstand des Punktes $Q(5/3/1)$ von der Ebene $E: 2x-3y+5z-7=0$.

18 Bestimmen Sie den Abstand des Punktes $Q(4/-3/2)$ von der Geraden

$$g: \vec{x}=\begin{pmatrix}1\\-2\\3\end{pmatrix}+\lambda\begin{pmatrix}1\\7\\2\end{pmatrix}.$$

19 Bestimmen Sie den Abstand der beiden Geraden mit den Gleichungen

$$g_1: \vec{x}=\begin{pmatrix}3\\-1\\2\end{pmatrix}+\lambda\begin{pmatrix}5\\4\\1\end{pmatrix} \text{ und } g_2: \vec{x}=\begin{pmatrix}5\\2\\1\end{pmatrix}+\mu\begin{pmatrix}2\\7\\3\end{pmatrix}.$$

20 Bestimmen Sie den Abstand der Geraden g1 und g2:

$$g_1: \vec{x}=\begin{pmatrix}3\\-1\\2\end{pmatrix}+\lambda\begin{pmatrix}15\\-12\\3\end{pmatrix} \text{ und } g_2: \vec{x}=\begin{pmatrix}8\\0\\2\end{pmatrix}+\mu\begin{pmatrix}-10\\8\\-2\end{pmatrix}.$$

21 Gegeben sind zwei Geraden g_1 und g_2 mit den Gleichungen

$$g_1: \vec{x} = \begin{pmatrix} 3 \\ -1 \\ 2 \end{pmatrix} + \lambda \begin{pmatrix} 5 \\ 4 \\ 1 \end{pmatrix} \text{ und } g_2: \vec{x} = \begin{pmatrix} 5 \\ 2 \\ 1 \end{pmatrix} + \mu \begin{pmatrix} 2 \\ 7 \\ 3 \end{pmatrix}.$$

Ermitteln Sie auf der Geraden g_1 einen Punkt H und auf der Geraden g_2 einen Punkt K so, dass die Strecke HK sowohl zur Geraden g_1 als auch zur Geraden g_2 senkrecht ist. HK ist das gemeinsame Lot der Geraden g_1 und g_2. Seine Länge entspricht dem Abstand der windschiefen Geraden g_1 und g_2.

22 Prüfen Sie, ob die Vektoren $\left\{ \begin{pmatrix} -2 \\ 3 \\ 4 \end{pmatrix}, \begin{pmatrix} 2 \\ 1 \\ -2 \end{pmatrix}, \begin{pmatrix} -24 \\ 8 \\ 34 \end{pmatrix} \right\}$ linear unabhängig sind.

23 Prüfen Sie, ob der Vektor $\vec{v}_1 = \begin{pmatrix} -22 \\ 21 \\ 36 \end{pmatrix}$ eine Linearkombination der Vektoren $\vec{v}_2 = \begin{pmatrix} -2 \\ 3 \\ 4 \end{pmatrix}$ und $\vec{v}_3 = \begin{pmatrix} 2 \\ 1 \\ -2 \end{pmatrix}$ ist.

24 Prüfen Sie, ob die Vektoren $\begin{pmatrix} -2 \\ 3 \\ 4 \end{pmatrix}, \begin{pmatrix} 2 \\ 1 \\ -2 \end{pmatrix}, \begin{pmatrix} -22 \\ 21 \\ 38 \end{pmatrix}$ eine Basis bilden.

25. Lösen Sie die Gleichung

$$\begin{pmatrix} 2 & 3 & 1 \\ 0 & 4 & 1 \\ 2 & 2 & 1 \end{pmatrix} \cdot X = \begin{pmatrix} 1 & 1 \\ 2 & 2 \\ 3 & 3 \end{pmatrix}.$$

Hinweise und Lösungen zu den Musteraufgaben zur analytischen Geometrie

Dr. Wolfgang Ludwicki, Tangermünde

1 $\left|\overrightarrow{AB}\right| = \left|\overrightarrow{OB} - \overrightarrow{OA}\right| = \left|\begin{pmatrix} 2 \\ 1 \\ 7 \end{pmatrix} - \begin{pmatrix} 9 \\ 15 \\ 13 \end{pmatrix}\right| = \sqrt{(9-2)^2 + (15-1)^2 + (13-7)^2} = \sqrt{49 + 196 + 36} = \sqrt{281}$

Zunächst wird mit [MENU] [5] der Modus „5: Vektorrechnung" eingestellt. Der Vektor $\overrightarrow{OA}$ wird als *VctA* und Vektor $\overrightarrow{OB}$ als *VctB* eingegeben. Das geschieht so:

[MENU] [5]	Modus „5: Vektorrechnung"
[1]	(Vektor A)
[3] [9] [=] [1] [5] [=] [1] [3] [=]	(Koordinaten des Vektors A)
[OPTN] [1] [2] [3]	(Vektor B)
[2] [=] [1] [=] [7] [=]	(Koordinaten des Vektors B)

[AC] [SHIFT] [(] [OPTN] [4] [−] [OPTN] [3] [)] [=]

Nun wird die Formel für $\left|\overrightarrow{AB}\right|$ eingegeben:

[SHIFT] [hyp] [SHIFT] [5] [4] [−] [SHIFT] [5] [3] [)] [=]

```
Abs(VctB-VctA)
        16,76305461
```

2 Als *VctA* wird $\begin{pmatrix} 1 \\ 2 \\ 3 \end{pmatrix}$ und als *VctB* $\begin{pmatrix} 3 \\ 2 \\ 1 \end{pmatrix}$ eingegeben.

Dann kann zum Beispiel *VctA*+(–2) *VctB* berechnet werden:

```
VctA+-2VctB
```

Nach Betätigen von [=] erscheinen die Koordinaten eines Punktes der Geraden,

```
VctAns=
  [ -5 ]
  [ -2 ]
  [  1 ]
                -5
```

nämlich $(-5/-2/1)$. Nach der Eingabe von [AC] [◀] kann der Ausdruck *VctA+–2VctB* verändert werden, der Parameterwert –2 zum Beispiel in 3. Das ergibt dann den Geradenpunkt $(10/8/6)$.

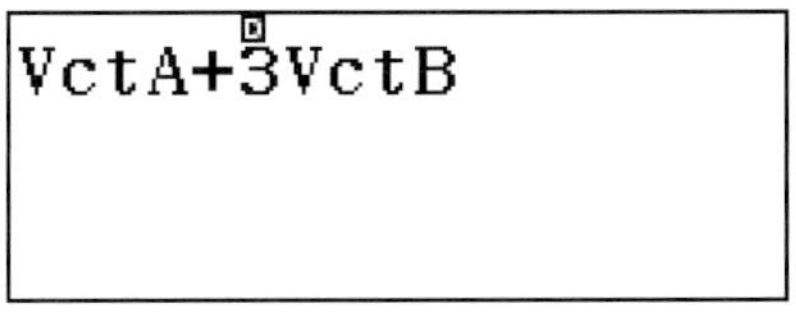

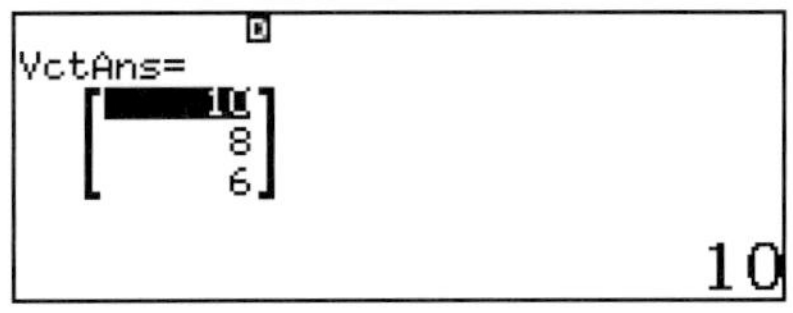

Die Rechnung kann beliebig fortgesetzt werden.

3 Als *VctA* wird $\begin{pmatrix}1\\2\\3\end{pmatrix}$, als *VctB* $\begin{pmatrix}3\\2\\1\end{pmatrix}$ und als *VctC* $\begin{pmatrix}2\\3\\1\end{pmatrix}$ gespeichert.

Berechnet wird zum Beispiel *VctA* + –2 *VctB* + –2 *VctC*. Nach Betätigen von [=] erscheinen die Koordinaten eines Punktes der Ebene, nämlich $(-9/-8/-1)$.

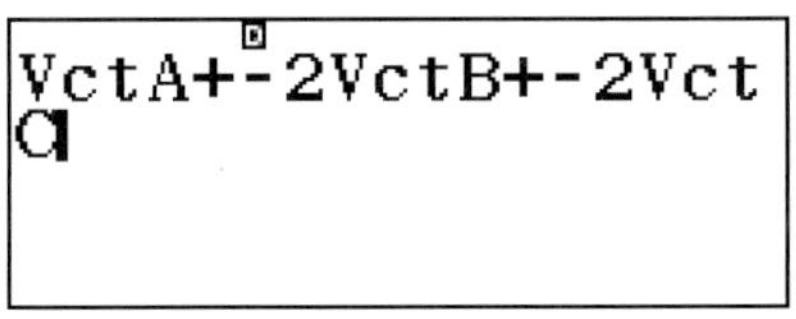

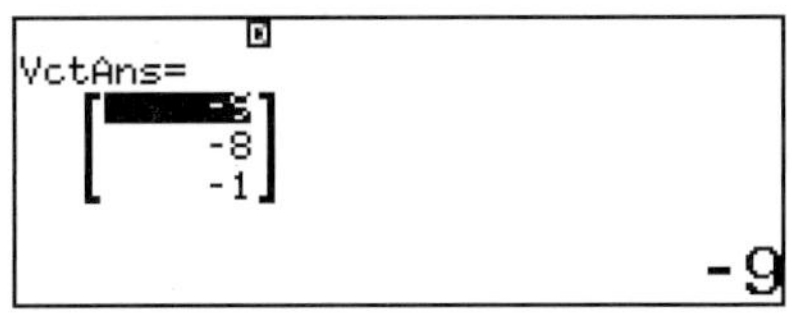

Durch die Eingabe von [AC] [◀] kann der Ausdruck *VctA+-2 VctB+–2VctC* modifiziert werden, zum Beispiel zu *VctA+ –1 VctB+5 VctC*.

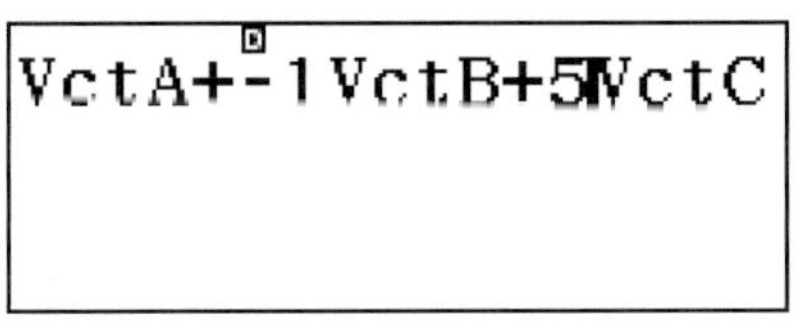

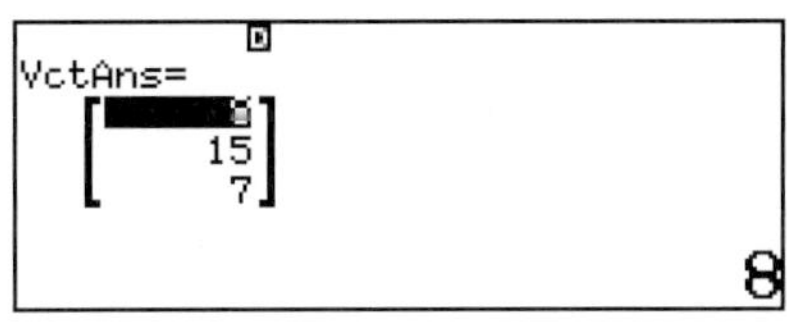

Das ergibt den Punkt $(8/15/7)$ in der Ebene.

4 Wenn eine Ebene mit der Gleichung $\vec{x} = \vec{x}_0 + t\vec{r}_1 + s\vec{r}_2$ gegeben ist, dann ist $\vec{r}_1 \times \vec{r}_2$ ein Normalenvektor (Stellungsvektor) dieser Ebene. Die parameterfreie Koordinatengleichung der Ebene ist dann $(\vec{r_1} \times \vec{r_2}) \cdot (\vec{x} - \vec{x_0}) = 0$ oder $(\vec{r_1} \times \vec{r_2}) \cdot \vec{x} - (\vec{r_1} \times \vec{r_2}) \cdot \vec{x_0} = 0$.

Nachdem $\begin{pmatrix}1\\2\\3\end{pmatrix}$ für *VctA*, $\begin{pmatrix}3\\2\\1\end{pmatrix}$ für *VctB* und $\begin{pmatrix}2\\3\\1\end{pmatrix}$ für *VctC* eingegeben wurden, kann das Kreuzprodukt $VctB \times VctC$ *berechnet werden:*

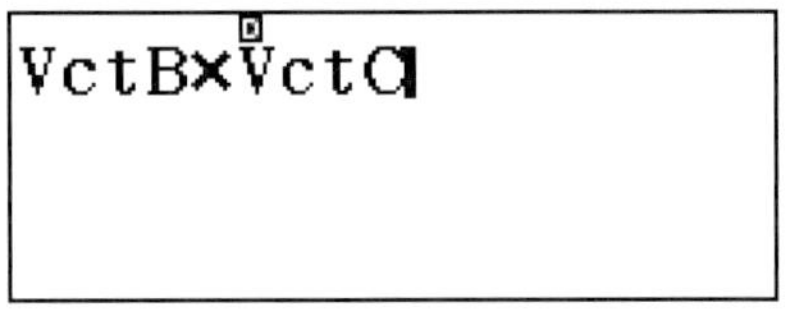

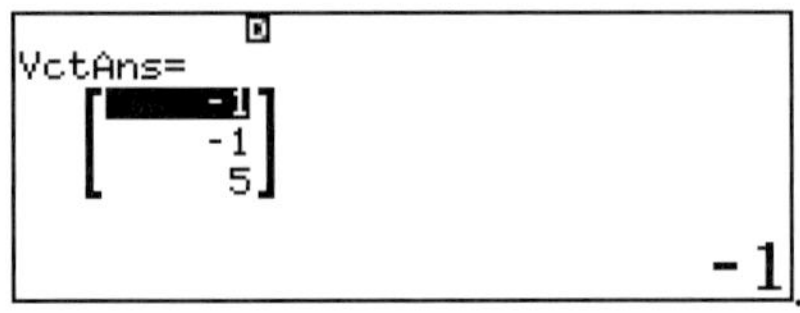

Das sind die Faktoren vor x, y und z in der gesuchten Gleichung.

Das absolute Glied *d* ergibt sich als $-(VctB \times VctC) \bullet VctA$.

Die Rechnung wird fortgesetzt mit

[AC] [◀] [◀] [◀] [◀] [(] [▶] [▶] [▶] [)] [OPTN] [▼] [2] [OPTN] [3] [=].

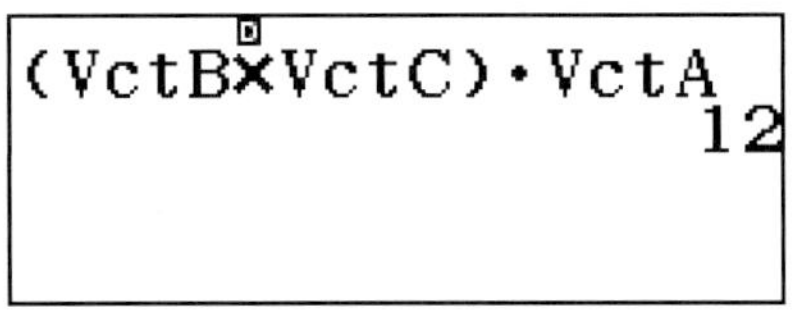

Daher ist die gesuchte Gleichung $E: -x - y + 5z - 12 = 0$.

5 Wenn eine Ebene nicht den Koordinatenursprung enthält, dann hat sie eine Gleichung $Ax + By + Cz + D = 0$ mit $D \neq 0$, die umgeformt werden kann zu $\frac{A}{D}x + \frac{B}{D}y + \frac{C}{D}z + \frac{D}{D} = 0$, mit entsprechenden Bezeichnungen: $ax + by + cz = -1$

Da die gegebenen Punkte diese Gleichung erfüllen sollen, ergeben sich die Koeffizienten a, b, c als Lösung des Gleichungssystems

$$2a - 3b + c = -1$$
$$7a + 5b + 2a = -1$$
$$4a + 6b - 5c = -1$$

Dieses Gleichungssystem kann im Modus „A: Gleichung/Funkt" gelöst werden.

Eine Gleichung der gegebenen Ebene ist $-\frac{57}{181}x + \frac{32}{181}y + \frac{29}{181}z + 1 = 0$.

Wenn die gegebene Ebene den Koordinatenursprung enthält, wird das entstehende Gleichungssystem keine Lösung haben, was vom FX-991DE X in der Form „Keine Lösung“ angezeigt wird. In diesem Falle kann so verfahren werden, wie es in der Lösung von Aufgabe 6 beschrieben wird. Es kann aber auch mithilfe der Vektoren $\overrightarrow{OP}$, $\overrightarrow{PQ}$ und $\overrightarrow{PR}$ eine Parametergleichung der Ebene aufgestellt und mit der Methode von Aufgabe 4 umgewandelt werden.

6 Da das Gleichungssystem, das sich nach dem Vorgehen von Aufgabe 5 ergibt, keine Lösung hat, enthält die Ebene den Koordinatenursprung. Sie wird daher durch eine Gleichung der Form $Ax + By + Cz = 0$ beschrieben. Wird nun $C = 1$ eingegeben, so ergeben sich A und B aus dem Gleichungssystem:

$$\begin{aligned} A \cdot 0 + B \cdot 7 + 1 \cdot 3 &= 0 \\ A \cdot (-7) + B \cdot 0 + 1 \cdot 2 &= 0 \end{aligned}$$

Eine gesuchte Gleichung der Ebene ist: $\frac{2}{7}x - \frac{3}{7}y + z = 0$

7 Die Geraden g_1 und g_2 haben genau dann einen Schnittpunkt, wenn das Gleichungssystem

$$\begin{pmatrix} 8 \\ 7 \\ 4 \end{pmatrix} + t \begin{pmatrix} 7 \\ 5 \\ 1 \end{pmatrix} = \begin{pmatrix} 11 \\ 8 \\ 7 \end{pmatrix} + s \begin{pmatrix} 5 \\ 3 \\ 2 \end{pmatrix}$$

genau eine Lösung hat. Das ist genau dann der Fall, wenn das Gleichungssystem

$$\begin{aligned} 7t - 5s + z &= 11 - 8 \\ 5t - 3s + z &= 8 - 7 \\ t - 2s + z &= 7 - 4 \end{aligned}$$

genau eine Lösung mit $z = 0$ hat.

Im Modus „A: Gleichung/Funkt“ ergibt sich für dieses Gleichungssystem die Lösung $t = -1$, $s = -2$, $z = 0$. Somit ist der Ortsvektor des Schnittpunktes der Geraden $\overrightarrow{OS} = \begin{pmatrix} 8 \\ 7 \\ 4 \end{pmatrix} + (-1) \begin{pmatrix} 7 \\ 5 \\ 1 \end{pmatrix} = \begin{pmatrix} 1 \\ 2 \\ 3 \end{pmatrix}$.

8 Der Schnittpunkt ergibt sich als Lösung des Gleichungssystems

$$\begin{pmatrix}1\\2\\3\end{pmatrix}+t\begin{pmatrix}3\\2\\1\end{pmatrix}+s\begin{pmatrix}2\\3\\1\end{pmatrix}=\begin{pmatrix}8\\7\\4\end{pmatrix}+r\begin{pmatrix}7\\5\\1\end{pmatrix}$$

, das in die Form

$$\begin{aligned}3t+2s-7r&=7\\2t+3s-5r&=5\\t+s-r&=1\end{aligned}$$

gebracht wird.

Im Modus „A: Gleichung/Funkt" wird als Lösung $t=0,\ s=0,\ r=-1$ bestimmt. Folglich ist $S(1/2/3)$ der Schnittpunkt.

9 Die Terme, die sich aus der Ebenengleichung für x,y und z ergeben, werden in die Ebenengleichung eingesetzt. Aus der entstehenden Gleichung kann der Parameter t mittels SOLVE berechnet werden. Im Taschenrechner wird statt t die Variable x eingegeben.

$$2(1+7x)-3(2+5x)+5(3+x)-8=0$$
$$x=-0{,}75$$

Der berechnete Parameter x wird in der Geradengleichung für t eingesetzt. Das liefert den Schnittpunkt $S(-4{,}25/-1{,}75/2{,}25)$.

10 Indem der Schnittpunkt der zwei gegebenen Ebenen E_1 und E_2 mit einer dritten Ebene berechnet wird, ergibt sich ein Punkt der Schnittgeraden der gegebenen Ebenen. Zunächst wird der gemeinsame Punkt der gegebenen Ebenen mit der Ebene $z=0$ und dann mit der Ebene $z=1$ berechnet. Es werden also die Gleichungssysteme

$$\begin{aligned}2x-3y+5z&=6\\4x+7y-2z&=-3\\z&=0\end{aligned}\qquad\text{und}\qquad\begin{aligned}2x-3y+5z&=6\\4x+7y-2z&=-3\\z&=1\end{aligned}$$

gelöst.

Als Punkte auf der gesuchten Schnittgeraden ergeben sich $P\left(\frac{33}{26}/-\frac{15}{13}/0\right)$ und $Q\left(\frac{2}{13}/-\frac{3}{13}/1\right)$. Eine Gleichung der Schnittgeraden ist

$$\vec{x}=\begin{pmatrix}\frac{33}{26}\\-\frac{15}{13}\\0\end{pmatrix}+t\begin{pmatrix}\frac{29}{26}\\-\frac{12}{13}\\-1\end{pmatrix}.$$

11 Punkte, die zu beiden Ebenen gehören, ergeben sich als Lösungen des Gleichungssystems:

$$\begin{pmatrix}2\\3\\1\end{pmatrix}+t\begin{pmatrix}5\\1\\4\end{pmatrix}+s\begin{pmatrix}7\\-1\\2\end{pmatrix}=\begin{pmatrix}1\\3\\2\end{pmatrix}+p\begin{pmatrix}3\\4\\-1\end{pmatrix}+q\begin{pmatrix}5\\3\\1\end{pmatrix}\text{, also}\qquad \begin{aligned}5t+7s-3p&=-1+5q\\ t-s+4p&=0+3q\\ 4t+2s-p&=1+q\end{aligned}\ .$$

Wird dieses Gleichungssystem für $q=0$ und $q=1$ gelöst, so können aus den erhaltenen Werten $p=\frac{3}{17}$ bzw. $p=-\frac{9}{17}$ die Punkte $P_1\left(\frac{26}{17}/\frac{63}{17}/\frac{31}{17}\right)$ bzw. $P_2\left(\frac{75}{17}/\frac{66}{17}/\frac{60}{17}\right)$ der Schnittgeraden ermittelt werden. Damit wird die Gleichung der Schnittgeraden aufgestellt:

$$g:\vec{x}=\begin{pmatrix}\frac{26}{17}\\ \frac{63}{17}\\ \frac{31}{17}\end{pmatrix}+\lambda\begin{pmatrix}\frac{49}{17}\\ \frac{3}{17}\\ \frac{29}{17}\end{pmatrix}$$

12 Die Terme für x, y und z, die sich aus der parametrischen Ebenengleichung ergeben, werden in die Koordinatenform der Ebenengleichung eingesetzt. Diese Gleichung wird mit dem FX-991DE X gelöst, wobei an Stelle von t die Variable A und an Stelle von s die Variable X eingegeben wird:

$$3(5+4A-2X)-5(1+2A+X)+7(3-3A+3X)-6=0$$

Beim Lösen dieser Gleichung mit SOLVE, kann A spezifiziert werden. So ergibt sich für $A=0$ die Lösung $X=-2{,}5$ und für $A=1$ die Lösung $X=-0{,}6$. Damit können zwei Punkte der Schnittgeraden berechnet werden:

$$\overrightarrow{OP_1}=\begin{pmatrix}5\\1\\3\end{pmatrix}+0\begin{pmatrix}4\\2\\-3\end{pmatrix}+(-2{,}5)\begin{pmatrix}-2\\1\\3\end{pmatrix}=\begin{pmatrix}10\\-1{,}5\\-4{,}5\end{pmatrix}\text{ und}$$

$$\overrightarrow{OP_2}=\begin{pmatrix}5\\1\\3\end{pmatrix}+1\begin{pmatrix}4\\2\\-3\end{pmatrix}+(-0{,}6)\begin{pmatrix}-2\\1\\3\end{pmatrix}=\begin{pmatrix}10{,}2\\2{,}4\\-1{,}8\end{pmatrix}$$

und daraus eine Gleichung der Schnittgeraden:

$$\vec{x} = \overrightarrow{AB} + \lambda\left(\overrightarrow{AB} - \overrightarrow{AB}\right) = \begin{pmatrix} 10 \\ -1,5 \\ -4,5 \end{pmatrix} + \lambda \begin{pmatrix} 0,2 \\ 3,9 \\ 2,7 \end{pmatrix}$$

13 Der Vektor $\begin{pmatrix} 7 \\ -5 \\ 2 \end{pmatrix}$ wird als $VctA$ und $\begin{pmatrix} 3 \\ 4 \\ -1 \end{pmatrix}$ wird als $VctB$ gespeichert.

Im Modus „5: Vektorrechnung" wird mit der Tastenfolge

[SHIFT] [cos] [(] [SHIFT] [(] [(] [OPTN] [3] [OPTN] [▼] [2] [OPTN] [AC] [OPTN] [4] [)] [÷] [(] [SHIFT] [(] [OPTN] [3] [)] [×] [SHIFT] [(] [OPTN] [4] [)] [)] [)] [=]

die Eingabe $cos^{-1}(Abs((VctA \cdot VctB) \div (Abs(VctA) \times Abs(VctB)))$ erzeugt.

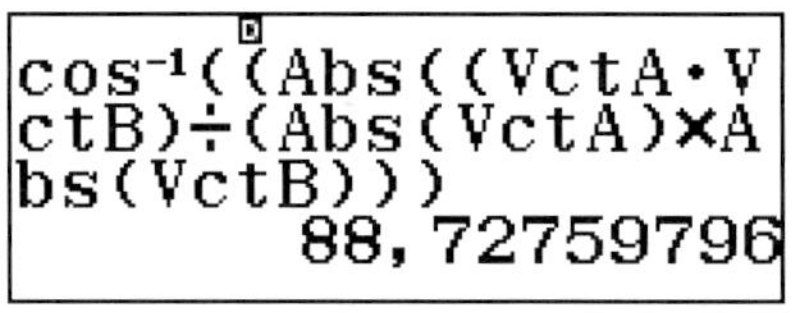

Der gesuchte Schnittwinkel beträgt $\varphi \approx 88,7°$.

14 Der Schnittwinkel der Ebenen ergibt sich als der Winkel, den ihre Normalenvektoren $\begin{pmatrix} 2 \\ -3 \\ 5 \end{pmatrix}$ und $\begin{pmatrix} 7 \\ 1 \\ 4 \end{pmatrix}$ miteinander bilden.

Die Größe dieses Winkels wird - wie in Aufg. 13 beschrieben - ermittelt: $\varphi \approx 51,76°$

15 Zunächst werden die Vektoren $\begin{pmatrix} 7 \\ -5 \\ 1 \end{pmatrix}$, $\begin{pmatrix} 2 \\ 3 \\ -4 \end{pmatrix}$ und $\begin{pmatrix} 3 \\ 7 \\ 5 \end{pmatrix}$ als $VctA$, $VctB$ bzw. $VctC$ gespeichert. Der Normalenvektor der Ebene wird mit $VctA \times VctB$ berechnet.

Das Ergebnis wird mittels [OPTN] [3] [×] [OPTN] [4] [=] [STO] [sin] als neuer Vektor $VctD$ gespeichert.

Der gesuchte Winkel kann zum Beispiel durch

$$\sin^{-1}(Abs((VctD \bullet VctC) \div (Abs(VctD) \times Abs(VctC)))$$

zu $\alpha \approx 80°$ berechnet werden.

16 In den Rechner wird die Formel $\sqrt{(A-D)^2+(B-E)^2+(C-F)^2}$ eingegeben. Dabei stehen A, B und C für die Koordinaten des Punktes P sowie D, E und F für die Koordinaten des Punktes Q. Unter Verwendung der CALC-Taste werden die Variablen belegt und der Ausdruck berechnet, $\left|\overline{PQ}\right| = \sqrt{38} \approx 6{,}16$.

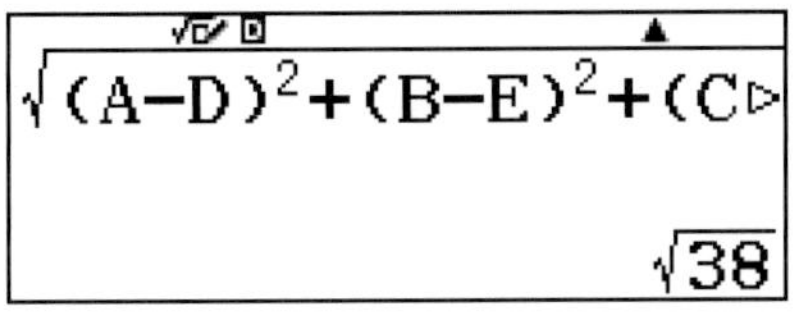

17 Der Abstand eines Punktes von einer Ebene ergibt sich, indem der Punkt in die Hesse'sche Normalform der Ebene eingesetzt wird:

$$d = \left| \frac{\begin{pmatrix} 2 \\ -3 \\ 5 \end{pmatrix} \cdot \begin{pmatrix} 5 \\ 3 \\ 1 \end{pmatrix} - 7}{\left| \begin{pmatrix} 2 \\ -3 \\ 5 \end{pmatrix} \right|} \right| = Abs\big((VctA \cdot VctB - 7) \div Abs(VctA)\big) = \frac{\sqrt{38}}{38} \approx 0{,}1622$$

18 Der gesuchte Abstand ergibt sich als Höhe im Parallelogramm, das vom Richtungsvektor der Geraden und dem Vektor $\overrightarrow{P_0Q}$ aufgespannt wird, bezüglich des Richtungsvektors

$$d = \frac{\left| \begin{pmatrix} 1 \\ 7 \\ 2 \end{pmatrix} \times \left(\begin{pmatrix} 4 \\ -3 \\ 2 \end{pmatrix} - \begin{pmatrix} 1 \\ -2 \\ 3 \end{pmatrix} \right) \right|}{\left| \begin{pmatrix} 1 \\ 7 \\ 2 \end{pmatrix} \right|} = Abs(VctA \times (VctB - VctC)) \div Abs(VctA) \approx 3{,}2146\,.$$

19 Die beiden Geraden sind nicht parallel, weil ihre Richtungsvektoren $\vec{r}_1$ und $\vec{r}_2$ nicht parallel sind.

Der gesuchte Abstand ist die Höhe des Parallelepipeds (Spat), das von den Vektoren $\vec{r}_1$, $\vec{r}_2$ und $\overrightarrow{P_{0_1}P_{0_2}}$ aufgespannt wird, bezüglich der Grundfläche, die von $\vec{r}_1$ und $\vec{r}_2$ aufgespannt wird:

$$d = \frac{\left|\left(\begin{pmatrix}5\\4\\1\end{pmatrix}\times\begin{pmatrix}2\\7\\3\end{pmatrix}\right)\cdot\begin{pmatrix}5-3\\2-(-1)\\1-2\end{pmatrix}\right|}{\left|\begin{pmatrix}5\\4\\1\end{pmatrix}\times\begin{pmatrix}2\\7\\3\end{pmatrix}\right|} = Abs((VctA \times VctB)\cdot VctC) \div Abs(VctA \times VctB) \approx 1{,}8433$$

20 Die beiden Geraden sind parallel, weil ihre Richtungsvektoren $\vec{r}_1$ und $\vec{r}_2$ parallel sind: $\begin{pmatrix}15\\-12\\3\end{pmatrix} = -1{,}5\begin{pmatrix}-10\\8\\-2\end{pmatrix}$

Der Abstand der beiden Geraden stimmt mit dem Abstand des Punktes $(8/0/2)$ von der Geraden $g_1: \vec{x} = \begin{pmatrix}3\\-1\\2\end{pmatrix} + \lambda\begin{pmatrix}15\\-12\\3\end{pmatrix}$ überein. Daher kann wie in Aufgabe 18 vorgegangen werden:

$$d = \frac{\left|\left(\begin{pmatrix}3\\-1\\2\end{pmatrix}-\begin{pmatrix}8\\0\\2\end{pmatrix}\right)\times\begin{pmatrix}15\\-12\\3\end{pmatrix}\right|}{\left|\begin{pmatrix}15\\-12\\3\end{pmatrix}\right|} = Abs((VctA - VctB)\times VctC) \div Abs(VctC) \approx 3{,}9370$$

Mit der Tastenfolge

MENU ▼ 5	(Modus „5: Vektorrechnung" einstellen
1 3 3 = (–) 1 = 2 =	Eingabe VctA
OPTN 1 2 3 8 = 0 = 2 =	Eingabe VctB
OPTN 1 3 3 1 5 = (–) 1 2 = 3 =	Eingabe VctC
AC SHIFT ((OPTN 3 – OPTN 4)	
× OPTN 5) ÷ SHIFT (OPTN 5) =	

wird die Eingabe realisiert:

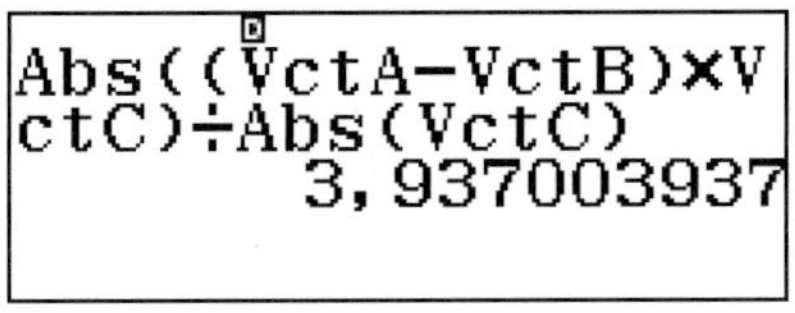

Der Abstand dieser parallelen Geraden beträgt ca. 3,94 LE.

21 Aus den Geradengleichungen ergibt sich $H(3+5\lambda\,/\,-1+4\lambda\,/\,2+\lambda)$ und $K(5+2\mu\,/\,2+7\mu\,/\,1+3\mu)$.

Aus der Orthogonalitätsbedingung für Vektoren ergibt sich:

$$\overrightarrow{HK} \perp g_1 \Leftrightarrow \overrightarrow{HK} \cdot \begin{pmatrix}5\\4\\1\end{pmatrix} = 0 \Leftrightarrow \begin{pmatrix}2+2\mu-5\lambda\\3+7\mu-4\lambda\\-1+3\mu-\lambda\end{pmatrix} \cdot \begin{pmatrix}5\\4\\1\end{pmatrix} = 0 \Leftrightarrow 41\mu - 42\lambda = -21$$

$$\overrightarrow{HK} \perp g_2 \Leftrightarrow \overrightarrow{HK} \cdot \begin{pmatrix}2\\7\\3\end{pmatrix} = 0 \Leftrightarrow \begin{pmatrix}2+2\mu-5\lambda\\3+7\mu-4\lambda\\-1+3\mu-\lambda\end{pmatrix} \cdot \begin{pmatrix}2\\7\\3\end{pmatrix} = 0 \Leftrightarrow 62\mu - 41\lambda = -22$$

Die Lösung des Gleichungssystems für μ und λ liefert $\mu = -\frac{63}{923}$ und $\lambda = \frac{400}{923}$.

Damit folgt aus den Geradengleichungen

$$\overrightarrow{OH} = \begin{pmatrix}3\\-1\\2\end{pmatrix} + \frac{400}{923} \cdot \begin{pmatrix}5\\4\\1\end{pmatrix} = \begin{pmatrix}\frac{4769}{923}\\\frac{677}{923}\\\frac{2246}{923}\end{pmatrix} \quad \text{und} \quad \overrightarrow{OK} = \begin{pmatrix}5\\2\\1\end{pmatrix} - \frac{63}{923} \cdot \begin{pmatrix}2\\7\\3\end{pmatrix} = \begin{pmatrix}\frac{4489}{923}\\\frac{1405}{923}\\\frac{734}{923}\end{pmatrix}.$$

Der Abstand der windschiefen Geraden g_1 und g_2 beträgt

$$\left|\overrightarrow{HK}\right| = \left|\begin{pmatrix}\frac{4489}{923}\\\frac{1405}{923}\\\frac{734}{923}\end{pmatrix} - \begin{pmatrix}\frac{4769}{923}\\\frac{677}{923}\\\frac{2246}{923}\end{pmatrix}\right| = \frac{56\sqrt{923}}{923} \approx 1{,}8433.$$

Die Berechnung des Abstandes dieser windschiefen Geraden kann auch als Ermittlung des Abstandes des Punktes $(3/-1\,/\,2)$ von der Ebene mit der Gleichung

$$\vec{x} = \begin{pmatrix}5\\2\\1\end{pmatrix} + \lambda\begin{pmatrix}5\\4\\1\end{pmatrix} + \mu\begin{pmatrix}2\\7\\3\end{pmatrix}$$

erfolgen. Dazu wird der Punkt $(3/-1\,/\,2)$ in die Hesse'sche Normalform der Ebenengleichung eingesetzt:

$$d = \left|\left(\begin{pmatrix}5\\4\\1\end{pmatrix} \times \begin{pmatrix}2\\7\\3\end{pmatrix}\right)^0 \cdot \left(\begin{pmatrix}3\\-1\\2\end{pmatrix} - \begin{pmatrix}5\\2\\1\end{pmatrix}\right)\right|$$

Werden den Vektoren *VctA*, *VctB*, *VctC*, *VctD* in dieser Reihenfolge die Vektoren

$$\begin{pmatrix}3\\-1\\2\end{pmatrix}, \begin{pmatrix}5\\2\\1\end{pmatrix}, \begin{pmatrix}5\\4\\1\end{pmatrix}, \begin{pmatrix}2\\7\\3\end{pmatrix}$$

zugeordnet, dann kann der Term für *d* mittels

[MENU] [5] [1] [3] [3] [=] [−] [1] [=] [2] [=] [OPTN] [1] [2] [3] [5] [=] [2] [=] [1] [=]
[OPTN] [1] [3] [3] [5] [=] [4] [=] [1] [=] [OPTN] [1] [4] [3] [2] [=] [7] [=] [3] [=] [OPTN]
[3] [SHIFT] [(] [OPTN] [▼] [4] [OPTN] [5] [×] [OPTN] [6] [)] [OPTN] [▼] [2] [(] [OPTN] [3] [−] [OPTN]
[4] [)] [)] [=]

direkt in den FX-991DE X eingegeben werden:

```
Abs(UnitV(VctC×Vc
tD)•(VctA−VctB))
        1,843262452
```
.

Der Abstand der windschiefen Geraden g_1 und g_2 ergibt sich auch als Höhe des Parallelepipedes, das von den Vektoren

$$\begin{pmatrix}5\\4\\1\end{pmatrix}, \begin{pmatrix}2\\7\\3\end{pmatrix} \text{ und } \begin{pmatrix}3\\-1\\2\end{pmatrix} - \begin{pmatrix}5\\2\\1\end{pmatrix}$$

aufgespannt wird, bezüglich der Grundfläche, die von den Richtungsvektoren der Geraden g_1 und g_2 aufgespannt wird.

Werden die Vektoren *VctA*, *VctB*, *VctC*, *VctD* wie oben festgelegt, dann ergibt sich *d* als

```
Abs((VctA−VctB)•(
VctC×VctD)÷Abs(Vc
tC×VctD))
        1,843262452
```
.

22 Eine Vektormenge ist genau dann linear unabhängig, wenn sich der Nullvektor nur auf genau eine Weise als Linearkombination der Vektoren dieser Vektormenge darstellen lässt. Wenn das Gleichungssystem

$$x\begin{pmatrix}-2\\3\\4\end{pmatrix}+y\begin{pmatrix}2\\1\\-2\end{pmatrix}+z\begin{pmatrix}-24\\8\\34\end{pmatrix}=\begin{pmatrix}0\\0\\0\end{pmatrix}$$

genau eine Lösung hat, dann ist die Vektormenge linear unabhängig.

Im Modus „A: Gleichung/Funkt“ lässt sich das Gleichungssystem lösen:

$$\begin{aligned}-2x+2y-24z&=0\\3x+y+8z&=0\\4x-2y+34z&=0\end{aligned}$$

Der FX-991DE X zeigt „Unendl. viele Lsg“ an, also ist die Vektormenge linear abhängig.

23 Der Vektor $\vec{v}_1$ ist genau dann eine Linearkombination der Vektoren $\vec{v}_2$ und $\vec{v}_3$, wenn es Zahlen x und y gibt, sodass $\vec{v}_1 = x\cdot\vec{v}_2 + y\cdot\vec{v}_3$ gilt:

$$\begin{pmatrix}-22\\21\\36\end{pmatrix}=x\begin{pmatrix}-2\\3\\4\end{pmatrix}+y\begin{pmatrix}2\\1\\-2\end{pmatrix}$$

Solche Zahlen x und y gibt es genau dann, wenn das Gleichungssystem

$$\begin{aligned}-2x+2y+z&=-22\\3x+y+z&=21\\4x-2y+z&=36\end{aligned}$$

eine Lösung mit $z=0$ besitzt.

Mit dem FX-991DE X erhält man im Modus „A: Gleichung/Funkt“ die Lösung $x=\frac{57}{7}$, $y=-\frac{16}{7}$, $z=-\frac{8}{7}$. Folglich ist der Vektor $\vec{v}_1=\begin{pmatrix}-22\\21\\36\end{pmatrix}$ keine Linearkombination der Vektoren $\vec{v}_2=\begin{pmatrix}-2\\3\\4\end{pmatrix}$ und $\vec{v}_3=\begin{pmatrix}2\\1\\-2\end{pmatrix}$.

24 Drei Vektoren sind genau dann eine Basis der Vektoren des Raumes, wenn sie eine linear unabhängige Vektormenge sind. Die Methode von Aufgabe 22 ist hier anwendbar.

Die Überprüfung auf Unabhängigkeit kann aber auch mit einer Determinante erfolgen.

Diese Vektoren sind genau dann linear unabhängig voneinander, wenn die Determinante der Matrix

$$\begin{pmatrix} -2 & 2 & -22 \\ 3 & 1 & 21 \\ 4 & -2 & 38 \end{pmatrix}$$

ungleich null ist.

Das lässt sich im Modus „4: Matrizen" überprüfen, hier kann die Determinante berechnet werden.

Dafür wird zuerst die Matrix eingegeben:
[MENU] [4] [1] [3] [3] [(−)] [2] [=] [2] [=] [(−)] [2] [2] [=] [3] [=] [1] [=] [2] [1] [=] [4] [=] [(−)] [2] [=] [3] [8] [=]

und dann ihr Wert berechnet: [OPTN] [3] [OPTN] [▼] [2] [OPTN] [3] [)] [=]

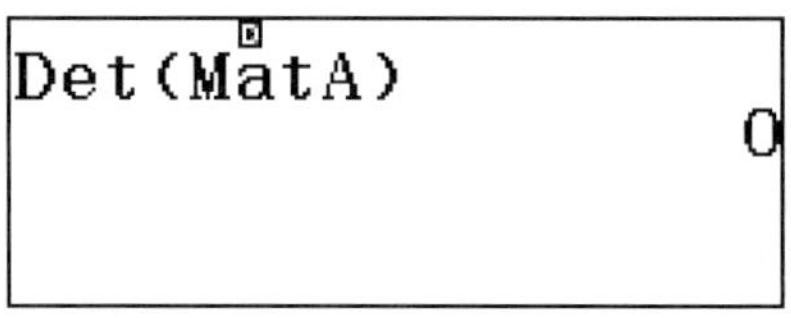

Da diese Berechnung den Wert 0 liefert, sind die drei Vektoren linear abhängig voneinander: Sie bilden keine Basis.

25 Die Gleichung hat die Struktur $A \cdot X = B$. Ihre Lösung ergibt sich, indem die Gleichung von links mit A^{-1} multipliziert wird:

$$X = \begin{pmatrix} 2 & 3 & 1 \\ 0 & 4 & 1 \\ 2 & 2 & 1 \end{pmatrix}^{-1} \cdot \begin{pmatrix} 1 & 1 \\ 2 & 2 \\ 3 & 3 \end{pmatrix}$$

Im Modus „4: Matrizen" lässt sich diese Rechnung gut realisieren. Zuerst werden die Matrizen A und B definiert. Die inverse Matrix wird mithilfe der x^{-1} –Taste erzeugt.

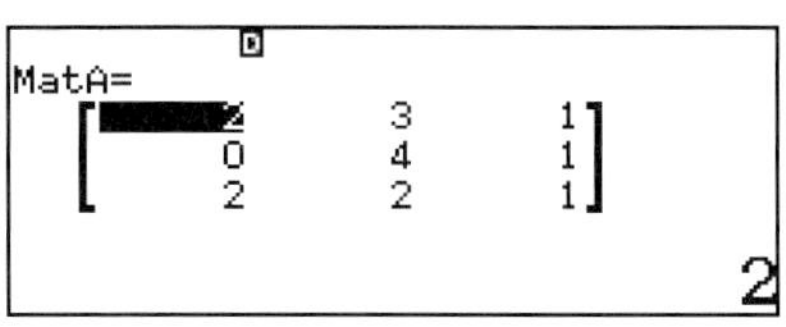

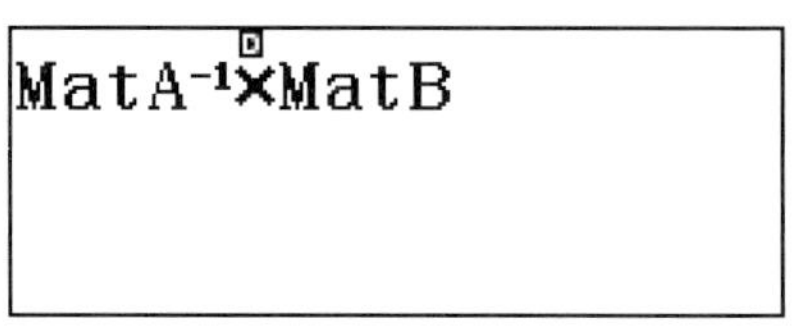

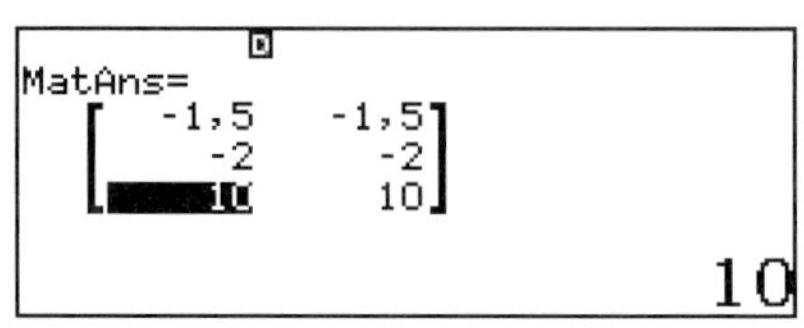

Komplexe Zahlen

Dr. Wolfgang Ludwicki, Tangermünde

Als mathematische Grundlage der Physik, Informatik und Elektrotechnik sind die komplexen Zahlen ein bedeutender Bestandteil in der Ausbildung. Mit ihrer Behandlung kann der Aufbau der Zahlbereiche in der Schule zu einem Abschluss geführt werden. Die komplexen Zahlen gehören nicht zum Pflichtkanon der gegenwärtigen Schulmathematik, trotzdem sind Grundkenntnisse über diesen Bereich ein wichtiger Bestandteil der mathematischen Allgemeinbildung.

Aufgabe: Bestimmen Sie alle Lösungen der Gleichungen

$x^2 - 2x + 5 = 0$ und $x^3 - 2x^2 - 2{,}59x - 1{,}23 = 0$.

Beim Lösen von quadratischen Gleichungen kann man mit den komplexen Zahlen in Berührung kommen. Wenn die quadratische Gleichung $x^2 - 2x + 5 = 0$ zu lösen ist, werden die Schülerinnen und Schüler bei der formalen Anwendung der Lösungsformel auf $\sqrt{-4}$ stoßen. Abhängig vom vorausgegangenen Mathematikunterricht werden sie feststellen „Die Gleichung $x^2 - 2x + 5 = 0$ hat keine Lösungen.", „Die Gleichung $x^2 - 2x + 5 = 0$ hat im Bereich der reellen Zahlen keine Lösungen." oder „Die Gleichung $x^2 - 2x + 5 = 0$ hat zwei komplexe Lösungen."

Wird zur Lösung der Gleichung $x^2 - 2x + 5 = 0$ der FX-991DE X im Modus „A: Gleichung/Funkt" eingesetzt, entstehen die folgenden Anzeigen:

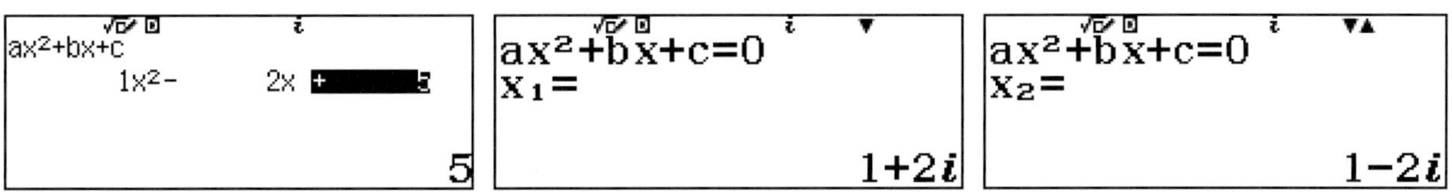

Die Schülerinnen und Schüler werden dies nur richtig deuten können, wenn sie wissen, dass $1+2i$ und $1-2i$ keine reellen Zahlen sind und $i^2 = -1$ ist. Die Lösungsangabe mithilfe von i tritt auf, wenn beim Lösen der Gleichung Quadratwurzeln mit negativem Radikanden auftreten. Ihr Verständnis für die Lösungen algebraischer Gleichungen wird vertieft, wenn sie erfahren, dass komplexe Lösungen bei algebraischen Gleichungen stets paarweise auftreten: Mit der komplexen Zahl $a+bi$ ist auch stets deren konjugierte Zahl $a-bi$ Lösung derselben algebraischen Gleichung.

Wird die Gleichung $x^3 - 2x^2 - 2{,}59x - 1{,}23 = 0$ im Modus „A: Gleichung/Funkt" gelöst, so ergeben sich die Anzeigen:

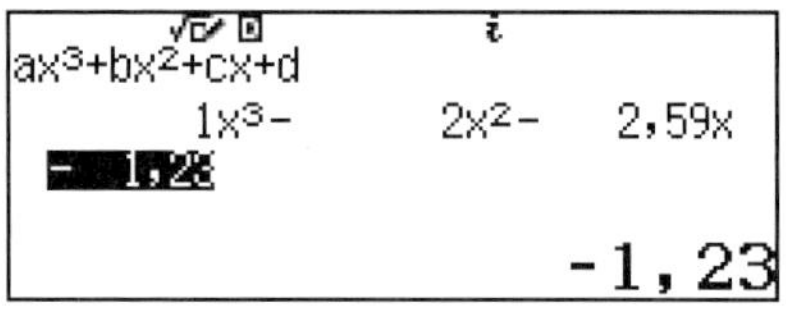

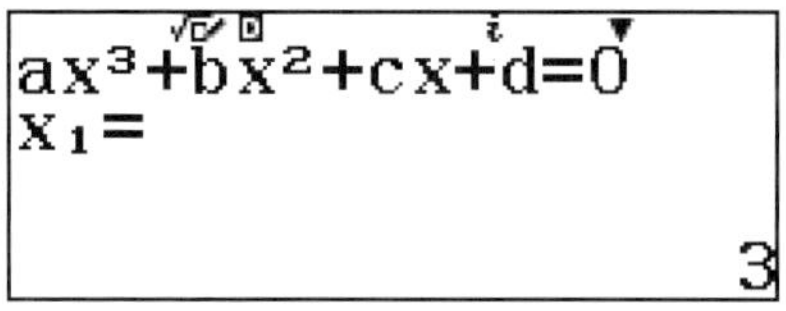

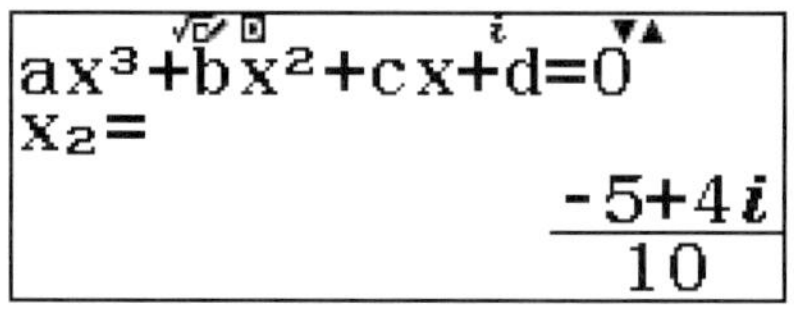

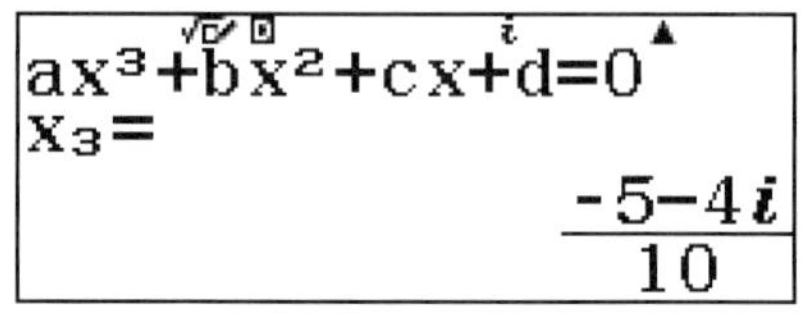

Diese Lösungen illustrieren das paarweise Auftreten der komplexen Lösungen neben reellen.

Eine Vorstellung von den komplexen Zahlen entsteht, wenn zu den reellen Zahlen eine neue Zahl i hinzugefügt wird, die die Eigenschaft $i^2 = -1$ hat. Die Bezeichnung i erinnert an „imaginäre Zahl". Damit erweisen sich i und $-i$ als die beiden Lösungen der Gleichung $x^2 + 1 = 0$.

Als komplexe Zahlen werden nun Objekte von der Form $a + bi$ bezeichnet, bei denen a und b reelle Zahlen sind. Mit ihnen lässt sich wie gewohnt rechnen, durch $i^2 = -1$ lassen sich entstehende Terme vereinfachen:

$$(a + bi) + (c + di) = a + c + (b + d)i,$$

$$\begin{aligned}(a + bi) \cdot (c + di) &= ac + adi + bic + bidi \\ &= ac + (ad + bc)i + bdi^2 \\ &= ac + (ad + bc)i - bd \\ &= ac - bd + (ad + bc)i.\end{aligned}$$

Wenn $z = a + bi$ eine komplexe Zahl ist, dann wird a als Realteil $\mathrm{Re}(z)$ und b als Imaginärteil $\mathrm{Im}(z)$ der komplexen Zahl z bezeichnet.

Zur geometrischen Veranschaulichung der reellen Zahlen eignet sich die Zahlengerade (oder der Zahlenstrahl).

Zur geometrischen Darstellung der komplexen Zahlen wird die Gauß'sche Zahlenebene verwendet. In ihr befindet sich ein kartesisches Koordinatensystem, dessen eine Achse als reelle Achse (Re) und die andere als imaginäre Achse (Im) bezeichnet wird. Der Realteil und der Imaginärteil einer komplexen Zahl werden nun als die kartesischen Koordinaten eines Punktes in der Gauß'schen Zahlenebene gedeutet. So wird jeder komplexen Zahl $z = a + bi$ eineindeutig ein Punkt (a/b)

zugeordnet. Mitunter ist es günstig, die komplexe Zahl $z = a + bi$ durch den Pfeil darzustellen, der vom Koordinatenursprung zum Punkt (a / b) weist.

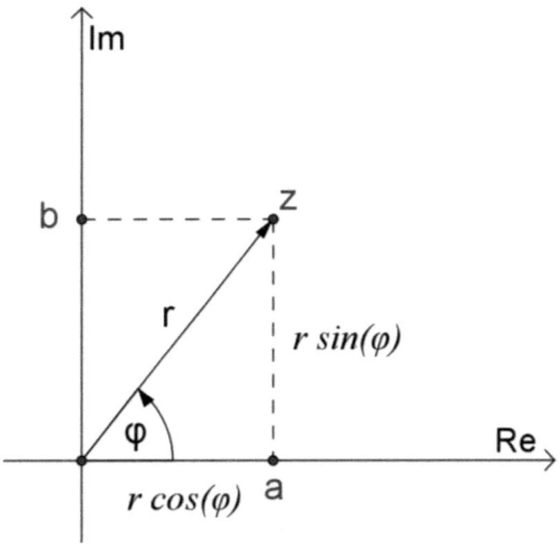

Als Betrag $|z|$ einer komplexen Zahl $z = a + bi$ wird der Wert $\sqrt{a^2 + b^2}$ bezeichnet. Der Betrag einer komplexen Zahl erscheint in der Gauß'schen Zahlenebene als der Abstand des Punktes (a / b) vom Koordinatenursprung. Wird dieser Abstand mit r bezeichnet, so gilt:

$$r = |z| = \sqrt{a^2 + b^2}$$

Die Punkte in einem kartesischen Koordinatensystem lassen sich eindeutig darstellen: Durch ihren Abstand r vom Koordinatenursprung und dem Winkel φ, den die Verbindungsstrecke vom Koordinatenursprung zum Punkt mit dem positiven Teil der x-Achse bildet. Das ist die Darstellung eines Punktes durch seine Polarkoordinaten r und φ.

Die Größe des Winkels φ wird als Argument oder Phase der komplexen Zahl bezeichnet.

Wird die Größe des Winkels φ auf das Intervall $-\pi < \varphi \leq \pi$ festgelegt, so wird die Darstellung der komplexen Zahlen durch ihre Polardarstellung eindeutig.

Die Zeichnung verdeutlicht die folgenden Zusammenhänge:

$\varphi = \arg(z)$ (Argument von z) mit $-\pi < \varphi \leq \pi$ (Hauptwert des Arguments),

$$\cos(\varphi) = \frac{a}{|z|}, \sin(\varphi) = \frac{b}{|z|}, \tan(|\varphi|) = \left|\frac{b}{a}\right|,$$

$$a = \operatorname{Re}(z) = r \cdot \cos(\varphi),$$

$$b = \operatorname{Im}(z) = r \cdot \sin(\varphi).$$

Daraus ergibt sich die (trigonometrische) Polarkoordinatendarstellung

$z = r(\cos(\varphi) + i\sin(\varphi))$.

Statt der Polarform $r\left(\cos(\varphi)+i\sin(\varphi)\right)$ wird mitunter auch verkürzend $r\angle\varphi$ geschrieben. Diese Schreibweise wird Versorform genannt: $r\angle\varphi = r\left(\cos(\varphi)+i\sin(\varphi)\right)$.

Für die Multiplikation zweier komplexer Zahlen, die in Polarkoordinatendarstellung gegeben sind, gilt:

$$r_1(\cos(\varphi_1)+i\sin(\varphi_1))\cdot r_2(\cos(\varphi_2)+i\sin(\varphi_2)) = r_1\cdot r_2(\cos(\varphi_1+\varphi_2)+i\sin(\varphi_1+\varphi_2))$$

Diese Formel lässt sich zur Formel von Moivre verallgemeinern, die das Potenzieren von komplexen Zahlen in Polarkoordinatendarstellung beschreibt:

$z^n = \left(r(\cos(\varphi)+i\sin(\varphi))\right)^n = r^n(\cos(n\cdot\varphi)+i\sin(n\cdot\varphi))$, wenn n eine natürliche Zahl ist.

Der FX-991DE X zeigt komplexe Zahlen in der kartesischen Normalform $a+bi$ oder in der Versorform $r\angle\varphi$ an. Mittels [SHIFT] [MENU] [▼] [2] kann die Form der Anzeige der komplexen Zahlen im SETUP-Menü eingestellt werden

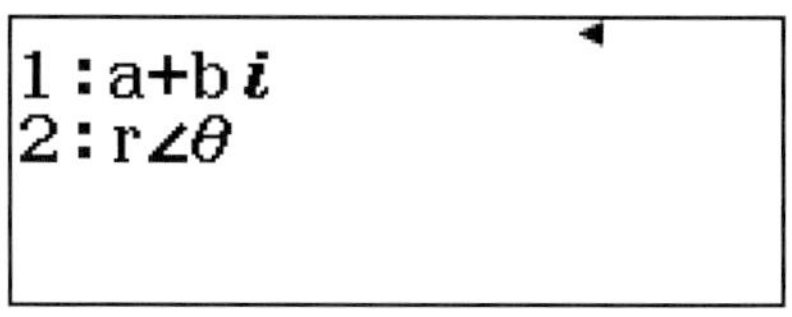

Zum Rechnen mit komplexen Zahlen muss der Modus „2: Komplexe Zahlen" aktiviert sein. Beim Rechnen mit der Versorform muss als Winkeleinheit das Bogenmaß eingestellt werden ([SHIFT] [MENU] [2] [2]).

Die Anzeige

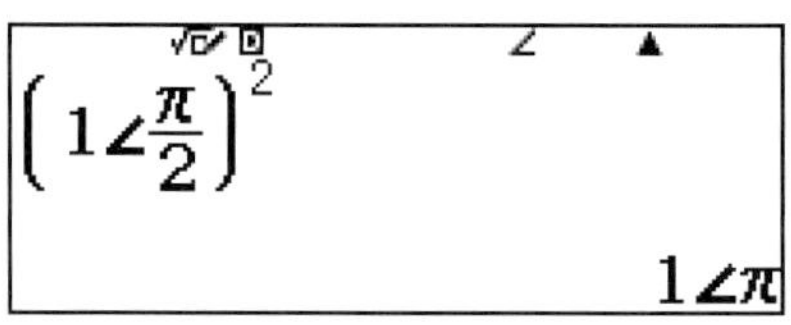

wurde mit der Eingabe [(] [1] [SHIFT] [ENG] [▭/▭] [SHIFT] [×10ˣ] [▼] [2] [)] [DEL] [▶] [)] [x²] [=] erreicht. Die komplexen Zahlen werden hier in der Versorform dargestellt und die Rechnung bedeutet $i^2 = -1$.

Die Fortsetzung der Rechnung mit [OPTN] [▼] [2] [=] ruft den Befehl zur Umwandlung der Versorform in die kartesische Normalform auf und führt zu der Anzeige des Ergebnisses in der kartesischen Normalform:

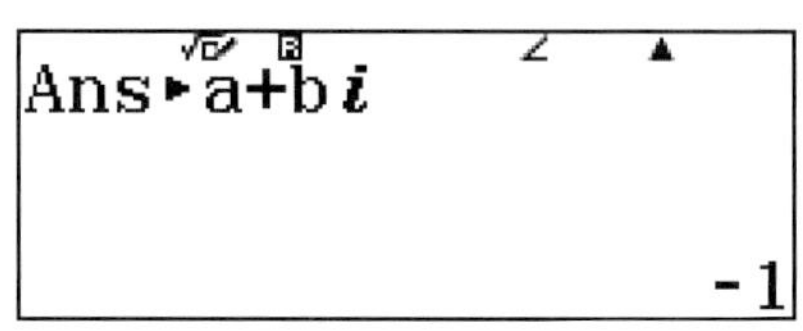

Für die folgenden Betrachtungen sei der Rechner im **SETUP**-Menü für die Darstellung der komplexen Zahlen in der kartesischen Normalform und die Winkeleinheit Gradmaß (D) eingestellt.

Aufgabe: Ermitteln Sie Betrag und Argument der komplexen Zahlen

$$z_1 = 3 - 4i \text{ und } z_2 = 1 + i.$$

Mittels [MENU] [2] [3] [−] [4] [ENG] [=] [OPTN] [▼] [1] [=] wird die komplexe Zahl z_1 eingegeben und in die Versorform umgewandelt:

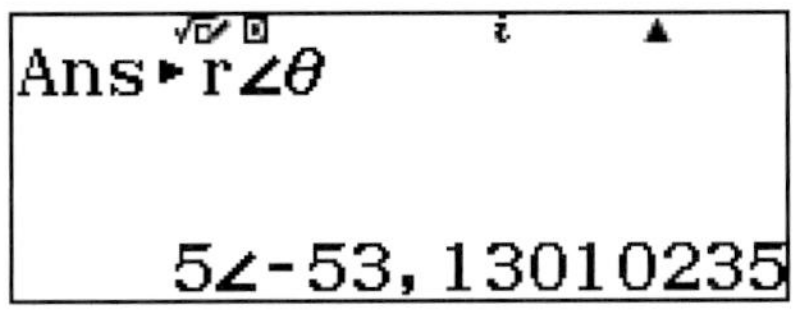

Das Ergebnis ist $|z_1| = 5$ und $Arg(z_1) \approx -53{,}13°$. Für z_2 kann ebenso verfahren werden.

Ist von mehreren komplexen Zahlen jeweils der Betrag und das Argument zu ermitteln, ist folgendes Vorgehen günstig: Für die komplexe Zahl, die in Versorform umgewandelt werden soll, wird eine Variable A eingegeben, der anschließend mittels [CALC] eine komplexe Zahl zugeordnet wird.

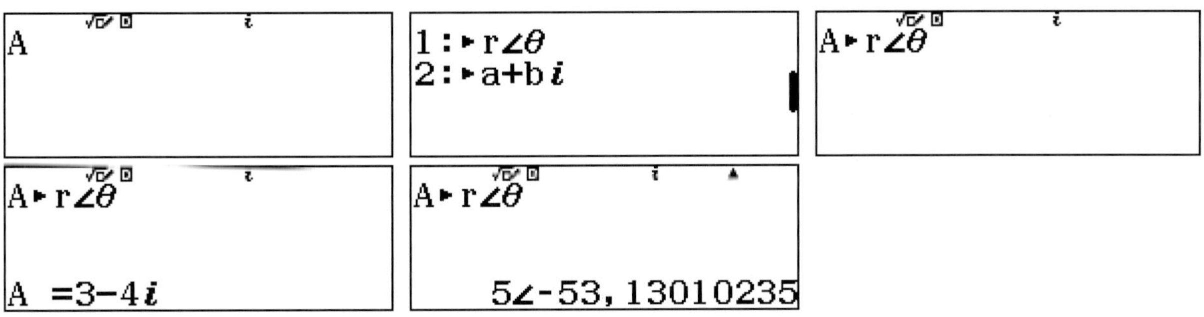

Mittels [CALC] kann die Versorform von weiteren komplexen Zahlen ermittelt werden.

Im Einzelnen wurden so $|3-4i| = 5$, $Arg(3-4i) \approx -53{,}13°$, $|1+i| = \sqrt{2}$ und $Arg(1+i) = 45°$ berechnet.

Aufgabe: Berechnen Sie $(1+i)^{-7}$, $(3-2i)^{11}$ und $\left(\frac{1+i\sqrt{3}}{1-i}\right)^{20}$.

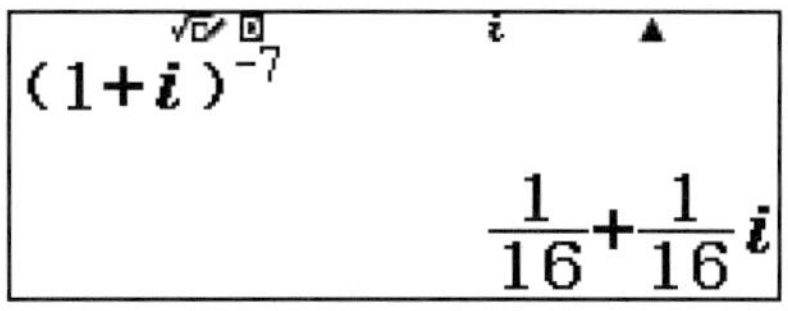

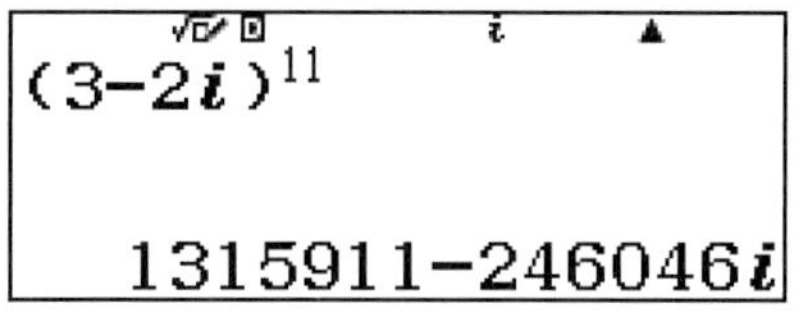

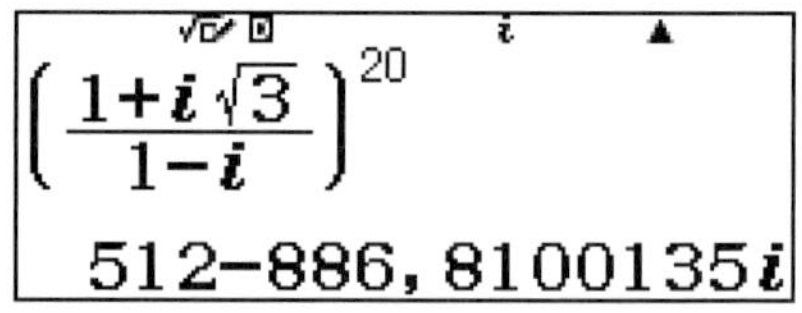

Komplexe Zahlen können sowohl in der kartesischen Normalform als auch in der Versorform in den Speichern A bis F, X, Y oder M abgelegt werden.

Aufgabe: Ermitteln Sie alle Lösungen z der Gleichung $z^6 = 1$.

Stellen Sie die Lösungen in der Gauß-Ebene grafisch dar.

Die n-ten Einheitswurzeln ergeben sich als die n verschiedenen Wurzeln der Kreisteilungsgleichung $z^n = 1$ in $\mathbb{C}$. Unter Verwendung der Moivre'schen Formel ergeben sich die n-ten Einheitswurzeln zu:

$$\begin{aligned} z_0 &= 1, \\ z_1 &= \cos\left(\tfrac{360°}{n}\right) + i\sin\left(\tfrac{360°}{n}\right), \\ z_2 &= \cos\left(2\cdot\tfrac{360°}{n}\right) + i\sin\left(2\cdot\tfrac{360°}{n}\right), \\ z_3 &= \cos\left(3\cdot\tfrac{360°}{n}\right) + i\sin\left(3\cdot\tfrac{360°}{n}\right), \\ &\vdots \\ z_{n-1} &= \cos\left((n-1)\cdot\tfrac{360°}{n}\right) + i\sin\left((n-1)\cdot\tfrac{360°}{n}\right). \end{aligned}$$

$$z_k = \cos\left(k\cdot\tfrac{360°}{n}\right) + i\sin\left(k\cdot\tfrac{360°}{n}\right),\ k = 0,1,\ldots,n-1$$

Es werden die 6-ten Einheitswurzeln durch folgende Rechnung ermittelt, hier wird z_4 berechnet. Statt k wird x und statt n wird A verwendet.

[cos] [x] [×] [▭/▭] [3] [6] [0] [▼] [ALPHA] [(−)] [▶] [)] [+] [ENG] [sin] [(] [x] [×] [▭/▭] [3] [6] [0] [▼] [ALPHA] [(−)] [▶] [)] [)] [CALC] [4] [=] [6] [=] [=]

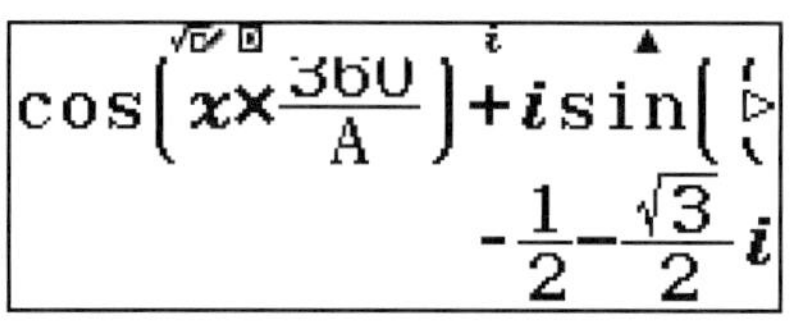

Die vierte der 6-ten Einheitswurzeln ist daher $z_4 = -\frac{1}{2} - \frac{\sqrt{3}}{2}i$.

Sollen nun die Lösungen der Gleichung $z^n = q$ (mit $n \in \mathbb{N}, n \geq 2$ und $q \in \mathbb{C}$) berechnet werden, so wird der Satz verwendet:

Die Gleichung $z^n = q$ mit $q = |q| \cdot (\cos(\alpha) + i \sin(\alpha))$, $q \neq 0$ hat im Bereich $\mathbb{C}$ der komplexen Zahlen die n verschiedenen Lösungen

$$z_k = \sqrt[n]{|q|} \cdot \left(\cos\left(\tfrac{\alpha}{n} + k \cdot \tfrac{360°}{n}\right) + i \sin\left(\tfrac{\alpha}{n} + k \cdot \tfrac{360°}{n}\right)\right), \quad k = 0, 1, \cdots, n-1.$$

Dass jeder dieser verschiedenen Werte tatsächlich eine Lösung der Gleichung $z^n = q$ ist, zeigt die Formel von Moivre:

$$\begin{aligned}
z_k^{\ n} &= \left(\sqrt[n]{|q|} \cdot \left(\cos\left(\tfrac{\alpha}{n} + k \cdot \tfrac{360°}{n}\right) + i \sin\left(\tfrac{\alpha}{n} + k \cdot \tfrac{360°}{n}\right)\right)\right)^n \\
&= |q| \cdot \left(\cos\left(n\left(\tfrac{\alpha}{n} + k \cdot \tfrac{360°}{n}\right)\right) + i \sin\left(n\left(\tfrac{\alpha}{n} + k \cdot \tfrac{360°}{n}\right)\right)\right) \\
&= |q| \cdot \left(\cos\left(\alpha + k \cdot 360°\right) + i \sin\left(\alpha + k \cdot 360°\right)\right) \\
&= |q| \cdot \left(\cos(\alpha) + i \sin(\alpha)\right) \\
&= q.
\end{aligned}$$

Maßgeblich wurde verwendet, dass die Sinus- und Kosinusfunktion die Periode 360° haben.

Dabei ist $\sqrt[n]{|q|}$ die (eindeutig definierte) positive, reelle n-te Wurzel aus $|q|$.

Im Bereich der komplexen Zahlen hat die n-te Wurzel aus einer von null verschiedenen Zahl also n verschiedene Werte.

In der Gauß'schen Zahlenebene sind die n-ten Wurzeln aus einer komplexen Zahl q die Eckpunkte eines regelmäßigen n-Ecks, das einem Kreis um den Koordinatenursprung mit dem Radius $\sqrt[n]{|q|}$ einbeschrieben ist und das einen Eckpunkt mit den Polarkoordinaten $\sqrt[n]{|q|}$ und $\dfrac{Arg(q)}{n}$ hat.

Aufgabe: Berechnen Sie die fünf Lösungen der Gleichung $z^5 = 1 - i$

Die Realisierung mit dem FX-991DE X folgt dem Ansatz:

$$z_x = \sqrt[B]{A}_x = \sqrt[B]{|A|}\left(\cos\left(\frac{Arg(A) + x \cdot 360°}{B}\right) + i \sin\left(\frac{Arg(A) + x \cdot 360°}{B}\right)\right), \quad x = 0, 1, \ldots, B-1$$

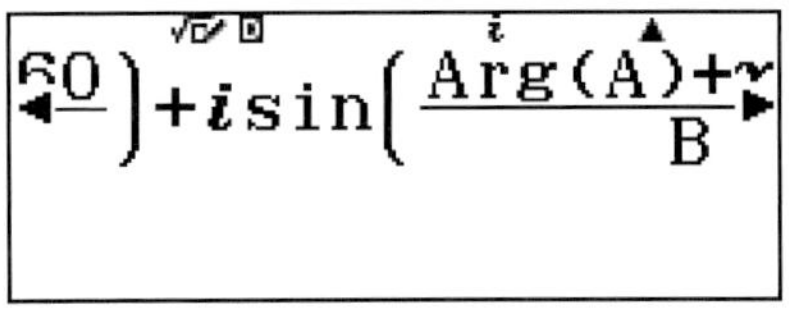

Für B = 5, $A=1-i$ und X = 0 ergibt sich:

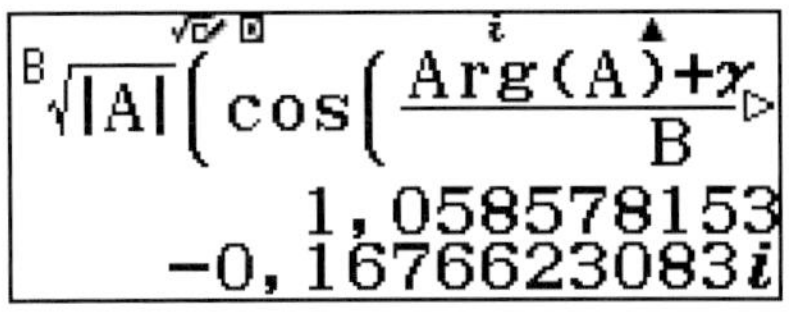

$z_0 \approx 1{,}0586 - 0{,}1677i$

Wird die Rechnung mit CALC fortgesetzt und für **X** jeweils 1, 2, 3 oder 4 eingesetzt, so werden die weiteren Werte der Wurzel angezeigt:

$z_1 \approx 0{,}4866 + 0{,}9550i,$

$z_2 \approx -0{,}7579 + 0{,}7579i,$

$z_3 \approx -0{,}9550 - 0{,}4866i,$

$z_4 \approx 0{,}1677 - 1{,}0586i.$

Aufgabe: Spiegeln Sie die Punkte $4+2i$ und $0{,}2+0{,}1\,i$

am Einheitskreis der Gauß-Ebene.

Werden die komplexen Zahlen zum Studium von geometrischen Abbildungen verwendet, so können die Wirkungen von Funktionen mit komplexwertigen Argumenten in der Gauß'schen Zahlenebene betrachtet werden.

Ist $z = a+bi$, dann wird $a-bi$ die konjugierte Zahl zu z genannt und mit $\overline{z}$ bezeichnet: $\overline{z} = \overline{a+bi} = a-bi$

(Manchmal wird die konjugierte Zahl zu z auch mit z^* bezeichnet.)

Die Funktion $s(z) = \overline{z}$ beschreibt eine Abbildung der Gauß-Ebene auf sich selbst, es ist die Spiegelung an der reellen Achse: Jeder Zahl der Ebene wird ihre konjugiert komplexe Zahl zugeordnet. Diese Abbildung ist eineindeutig.

Der Befehl für das Bilden der konjugiert komplexen Zahl wird mit OPTN aufgerufen.

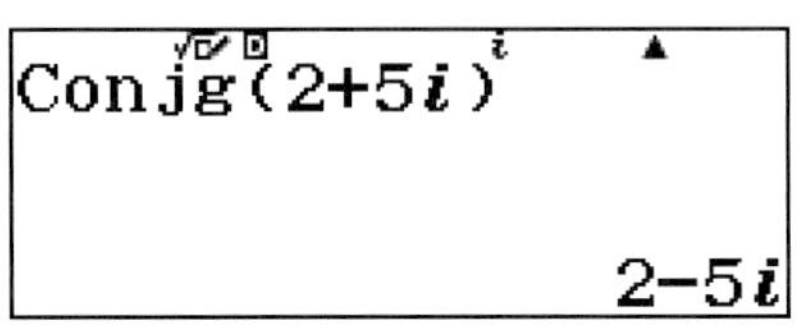

Die Funktion $f(z)=\frac{1}{\bar{z}}$ beschreibt eine Abbildung der Gauß-Ebene (ohne den Koordinatenursprung) auf sich selbst, die als Spiegelung am Einheitskreis oder Inversion am Einheitskreis bezeichnet wird. Bei dieser Abbildung liegt der Bildpunkt P' des Punktes P auf dem Strahl, der vom Koordinatenursprung durch den Punkt P geht; das Produkt der Abstände der Punkte P und P' von (0/0) ist 1.

Jetzt wird der Bildpunkt des Punktes A $(4/2)$ bei der Inversion am Einheitskreis ermittelt.

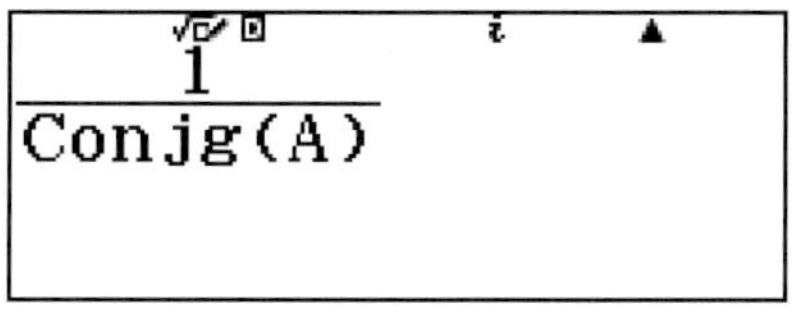

Mit der Eingabe A = $4+2i$ und CALC findet man den zum Punkt $(4/2)$ gehörenden Bildpunkt $(0{,}2/0{,}1)$:

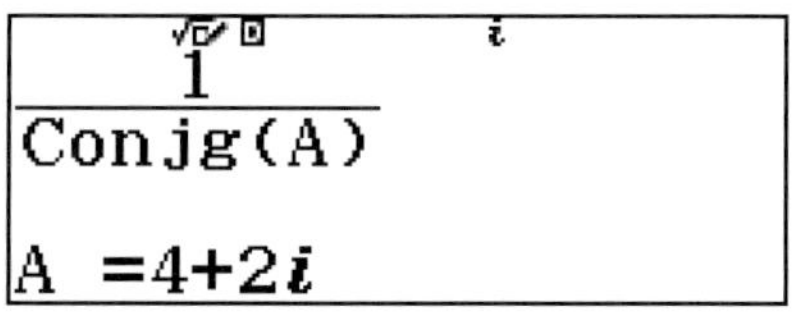

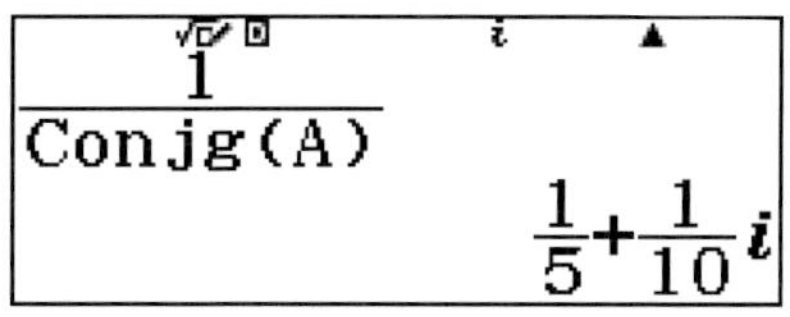

Die Inversion am Kreis ist eine kreistreue Abbildung, das bedeutet, Kreise und Geraden werden stets wieder in Kreise oder Geraden abgebildet.

Hier wird nun gezeigt, dass eine Gerade, die parallel zur reellen Achse verläuft und nicht durch den Ursprung geht, in einen Kreis übergeht, der den Koordinatenursprung enthält.

Die Kreisverwandtschaft der Inversion am Einheitskreis wird in „Elemente der Funktionentheorie" von Knopp ausführlich dargestellt[4].

Die Menge aller Punkte $z=t+bi$ mit $t,b \in \mathbb{R}$ und $b=\text{konstant}>0$ ist eine zur reellen Achse parallele Gerade, die oberhalb der reellen Achse verläuft.

Wird auf die Punkte dieser Geraden die Funktion $f(z)=\frac{1}{\bar{z}}$ angewendet, so ergibt sich:

[4] Konrad Knopp: Elemente der Funktionentheorie, Berlin 1963, S. 48ff.

$$(z)-\frac{1}{2b}i\Bigg|=\left|\frac{1}{\overline{t+bi}}-\frac{1}{2b}i\right|=\left|\frac{1}{t-bi}-\frac{1}{2b}i\right|=$$

$$=\left|\frac{t+bi}{(t-bi)\cdot(t+bi)}-\frac{1}{2b}i\right|=\left|\frac{t}{t^2+b^2}+\frac{b}{t^2+b^2}i-\frac{1}{2b}i\right|=$$

$$=\sqrt{\left(\frac{t}{t^2+b^2}\right)^2+\left(\frac{b}{t^2+b^2}-\frac{1}{2b}\right)^2}=\sqrt{\frac{t^2}{\left(t^2+b^2\right)^2}+\frac{\left(b^2-t^2\right)^2}{\left(t^2+b^2\right)^2\cdot 4b^2}}=$$

$$=\sqrt{\frac{4b^2t^2+b^4-2b^2t^2+t^4}{\left(t^2+b^2\right)^2\cdot 4b^2}}=\sqrt{\frac{\left(t^2+b^2\right)^2}{\left(t^2+b^2\right)^2\cdot 4b^2}}=\frac{1}{2b}$$

$$\left|f(z)-\frac{1}{2b}i\right|=\frac{1}{2b}.$$

Damit ist gezeigt, dass die Parallele zur reellen Achse, die durch den Punkt $(0/b)$ geht, in einen Kreis abgebildet wird, der den Mittelpunkt $\left(0/\frac{1}{2b}\right)$ und den Radius $\frac{1}{2b}$ hat, denn die Menge aller Punkte z, die die Gleichung $|z-z_0|=r$ erfüllen, ist ein Kreis mit dem Radius r um den Punkt z_0.

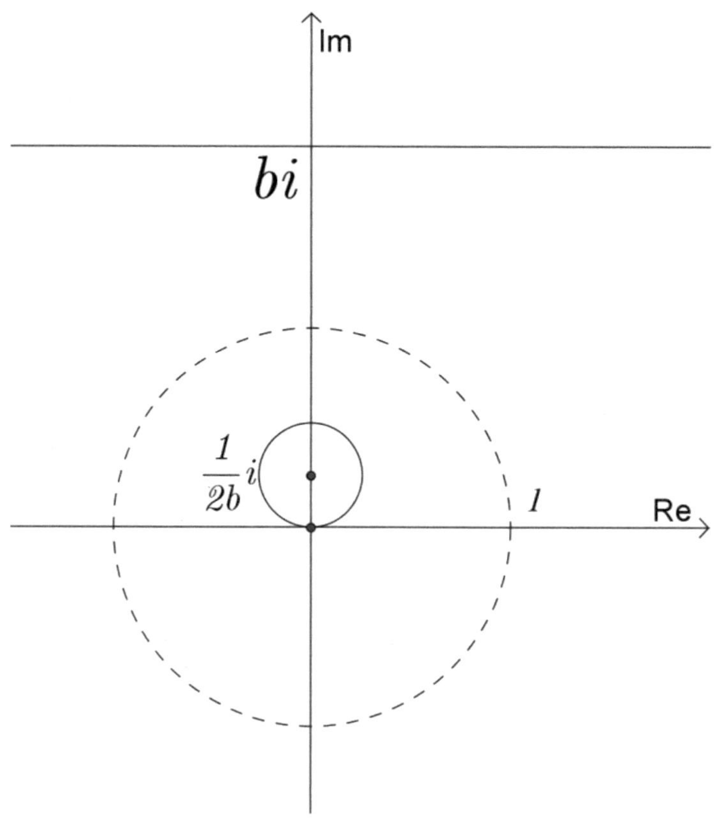